曾国藩家族家训

成晓军 编撰

岳麓書社·长沙

图书在版编目(CIP)数据

曾国藩家族家训/成晓军编撰.—长沙:岳麓书社,2021.7
ISBN 978-7-5538-0778-2

Ⅰ.①曾… Ⅱ.①成… Ⅲ.①家庭道德—中国—清代 Ⅳ.①B823.1

中国版本图书馆 CIP 数据核字(2019)第 092726 号

ZENG GUOFAN JIAZU JIAXUN

曾国藩家族家训

编　　撰:成晓军
责任编辑:刘　文
责任校对:舒　舍
封面设计:罗志义

岳麓书社出版发行
地址:湖南省长沙市爱民路 47 号
直销电话:0731-88804152　0731-88885616
邮编:410006

版次:2021 年 7 月第 1 版
印次:2021 年 7 月第 1 次印刷
开本:710mm×1000mm　1/16
印张:17.5
字数:210 千字
印数:1—6 000
书号:ISBN 978-7-5538-0778-2
定价:49.00 元

承印:长沙超峰印刷有限公司

如有印装质量问题,请与本社印务部联系
电话:0731-88884129

前 言

由于自给自足自然经济结构起作用的缘故，传统中国私有制是建立在家庭—家族私有制基础之上的，所以数代同堂的大家庭同居共财的现象相当普遍。在这个大家庭里，个体成员在经济上的独立性一般是不存在的，个体成员只有仰赖家庭共同财产才能生活生存。家庭的命运也就是每个个体成员的命运，家庭的利益涉及每个家庭成员的切身利益。因此，中国传统家庭伦理在家庭与个人之间的关系问题上，将家庭视作核心、轴心，要求个人必须从属于家庭、依存于家庭、维护于家庭。从政治上，特别强调家庭的完整性，把家庭视为社会的基本构成单位和基础，家庭是一切人伦关系和人伦秩序设计的原点。从而，在一个大家庭之内，家长具有至高无上的权威。封建的纲常礼义、等级秩序，在家长的精心运作下从理论到实践获得有序推行和张扬。进而，由于同宗血缘的关系，以家庭为起点又扩展到整个家族，一族之长具有对本族各个家庭事务予以约束和最终决断的职责和权利。这样一来，家庭和家族也就构成了国家最基本的组织细胞，无数个家庭和家族也就形成了国家。家长和族长行使着有效规范和调解个人之间、个人与社会之间各种关系的权利和职责，他们成为了最基层的专制者和权威者，一旦扩大集中到整个社会和国家，君主或皇帝也就成为了无数家长和族长的最高化身。

上述这样一种家庭本位和家族本位的政治伦理型社会组织运作模式，因为与封建君主专制制度密切相连，所以受到了历代封建统治者的充分肯定和高度重视，经营和构建有人品、有才能而又和睦相处的有影响的大家庭、大家族，也就成为了人们所追求的主流社会价值观之一。魏晋时期众多有影响的世家大族的出现，即是对这种社会价值观追求和践履的结果，并且这种风尚不绝如缕，代代相传、生生不息，直至晚清甚至中华民国时期，仍然薪火相传。湘乡曾国藩家族的出现，堪称近两百年中国历史上最具影响的世家。的确，这个家族人才之多、影响之深远，不仅在近代以来中国历史上首屈一指，而且在整个中国历史上也是不多见的。这个家族涌现的人才群体，据胡卫平等著《湖南历代文化世家·湘乡曾氏卷》统计，科举考取的秀才、监生、优廪生、优贡生、举人、进士达20多人，“废除科举考试之后，这个人才群体中有一百六十多人接受了高等教育，不少人还留学欧美或日本，其中取得博士、硕士、学士学位和获得院士、教授、研究员、高级工程师等职称的多达百余人”。① 他们分布在各个领域，大多为社会做出了贡献，有的还具有重大影响。在外交和中外文化交流方面，有曾纪泽、曾广铨、曾约农、曾宝荪、曾宝菡、曾宪森等，利用各种有效方式做出了贡献；在数学学科方面，有曾纪鸿、曾广钧、曾昭权、曾昭桓、曾宪源、曾宪琪、曾卫等，都各有成就；在化学学科方面，有曾广锜、曾昭氚、曾昭氙、曾昭氕、曾昭抡等，都取得过很有影响的成果；在文化、教育和艺术方面，有曾广镛、曾昭杭、曾昭檙、曾宝荪、曾约农、曾宝荀、曾昭燏、曾昭亿、曾绍杰、曾宪涤、曾宪杰、曾宪楷、曾宪朴、曾宪棨等，都享有较高声誉；在医学学科方面，有曾昭懿、曾宝菡、曾宪森、曾宪文、曾宪衡、曾宪订等30余人，都各有成就；在军政方面，有曾纪瑞、曾纪官、曾纪渠、曾纪寿、曾广汉、曾广銮、曾广祚、曾广河、曾广江、曾广敷、曾广泰、曾昭铑、曾昭南、曾昭杭、曾昭桦、曾昭柯、曾昭承、曾昭棣、曾昭抡、曾昭言、曾宪栋、曾宪植等，其中最有影响的是曾任中华人民共和国教育部副部长的曾昭抡，以及曾任全国妇联副主席、党组副书记的曾宪植。至于有姻亲关系的旁系人才，就更多了。曾国藩的儿媳妇郭筠、曾国荃的儿

① 胡卫平等著：《湖南历代文化世家·湘乡曾氏卷·前言》，岳麓书社2012年版，第1页。

媳妇刘鉴，是有名的才女。曾国藩的女婿聂缉椝、陈松生，或是政界要人、著名民族资本家，或是早期驻外使节。曾纪鸿的女儿曾广珊和她的女儿俞大絪，或是有名诗人，或是著名教授。曾广珊的儿子俞大绂，曾任北京农业大学教授兼校长；她的另一个儿子俞大维，曾任台湾政府“国防部长”；她的女儿俞大綵，是著名学者傅斯年的妻子。等等。①

这就是说，中国古代名门望族、世家大姓通婚联姻这种特有家庭、家族文化现象，仍在晚清至民国时期的曾国藩家族中顽强地延续着。曾国藩兄弟及其后裔与陶澍、贺长龄、贺熙龄、左宗棠、罗泽南、郭嵩焘、刘蓉、郭沛霖、陈源兖、李续宾、李续宜、李鹤章、李元度、刘瑞芬、魏光焘、吴永、谭延闿、俞明颐、王东原、席宝田等清代至民国时期政界、军界和文化教育界要人，或是直接的儿女亲家，或是第二代、第三代、第四代甚至第五代儿女亲家。而由婚姻关系牵涉到的外围社会关系，也就更加丰富而复杂化了。辛亥革命时期著名女革命家秋瑾丈夫的祖父王宝田，与曾国藩的外甥王瑞臣是五服内的排行兄弟，王瑞臣的生母曾国兰是曾国藩的姐姐。蔡和森、蔡畅的母亲葛健豪的婶娘是曾国藩的侄女。曾纪鸿女儿曾广珊是著名历史学家陈寅恪父亲陈三立的儿女亲家；而陈三立的妻子俞明诗，则是曾广珊丈夫俞明颐的妹妹。曾广珊的孙子俞扬，是蒋经国女儿蒋孝章的丈夫。曾纪耀的次女婿朱启钤，是先后担任过北洋政府交通总长、内务总长、代理国务总理要职的人物。曾国藩的重孙女曾昭楣丈夫的亲妹妹谭祥，是担任过台湾国民党政府副领导人要职的陈诚的妻子。等等。② 这一丰富而复杂的姻亲关系网衬托着曾国藩显赫家族深厚而宽广的内涵，体现出中国传统宗法伦理型家族文化特色的持久性和鲜明性。因此，认真梳理总结曾国藩家族发展演变史形成的深层社会和时代根源，尤

① 参见胡卫平等著：《湖南历代文化世家·湘乡曾氏卷·前言》，岳麓书社 2012 年版，第 1—5 页。

② 参见成晓军著：《曾国藩家族·前言》，重庆出版社 2006 年版，第 1 页。

其是探寻曾国藩家庭教育理论和方法在曾国藩家族人才辈出过程中所起的作用问题，是一件很有现实借鉴价值的事情。

曾国藩家族独特的家庭教育理论和方法，其形成和发展及其在实践中产生的特殊效果，除了曾国藩起主导作用外，与他的祖父、父亲、岳父打下的初步基础，与他的兄弟，他的儿子儿媳、侄子侄媳，以及众多曾氏后裔对其认同、实践、继承、发展、创新这个问题，具有极为密切的联系。

曾国藩在家书中反复提到，他的家庭教育理论和方法的萌发，首先与祖父曾星冈立下的“耕读”为本的家规、家法存在密切关系。他对祖父手订的“书、蔬、鱼、猪、考、早、扫、宝”治家之法作出解释说：“昔吾祖星冈公最讲求治家之法，第一起早，第二打扫洁净，第三诚修祭祀，第四善待亲族邻里。……此四事之外，于读书、种菜等事尤为刻刻留心，故余近写家信，常常提及书、蔬、鱼、猪四端者，盖祖父相传之家法也。”① 他特意告诫子侄辈：“子弟之贤否，六分本于天生，四分由于家教。吾家代代皆有世德明训，惟星冈公之教尤应谨守牢记。”② 曾国藩认为，父亲对他们兄弟的教导最突出、最深刻者，在于读书明理、尽心职守、尽忠报国、善处人际关系。当他中进士做官京城后，父亲曾麟书去信嘱咐他：“赞襄庶政，矢慎矢勤，以报皇恩于万一”；官阶愈高，“接人宜谦，一切应酬，不可自恃。见各位老师，当安门生之分。待各位同寅，当尽协恭之谊”。③ 在他祖父病重期间和去世后，几次给父亲书信中表示要请假南归以慰双亲，父亲叮嘱他不要有归家之想，“努力图报，即为至孝”。所以，曾国藩在家书中深有感触地说：“父亲每次家书，皆教我尽忠图报，不必系念家事。余敬体吾父之教训，是以公尔忘私，国尔忘家。”④ 此外，曾国藩的叔父曾骥云、岳父欧阳凝祉在有关孝友持家、正直做官、不尚虚饰等方

① 《曾国藩全集·家书（一）》，岳麓书社 2011 年版，第 476 页。
② 《曾国藩全集·家书（二）》，岳麓书社 2011 年版，第 468 页。
③ 《湘乡曾氏文献补》，台湾学生书局 1975 年版，第 17—18 页。
④ 《曾国藩全集·家书（一）》，岳麓书社 2011 年版，第 190 页。

面的教导和自身榜样，对他家庭教育理论和方法的形成及其实际推行，无不产生影响。至于曾国藩的弟弟曾国潢、曾国荃，儿子曾纪泽，女儿曾纪芬，儿媳郭筠，侄媳刘鉴，孙女曾广珊等，在继承曾星冈、曾麟书等传统家规、家法、家风的基础上，尤其在认同、体悟、践履曾国藩家庭教育理论和方法的过程中，又在不同程度上加以了丰富和发展。这其中，特别突出的是曾国荃的儿媳妇刘鉴。刘鉴出身官宦世家，自幼接受系统而扎实的家学熏陶，诗词文赋、琴棋书画，均有较深厚的功底。她继承并发展曾国藩家庭教育理论和方法上的成就，集中表现在她编著的《曾氏女训》一书之中。该书由长沙忠襄公祠 1908 年刊行，共计三册，分为《女范》《妇职》《母教》《家政》四大门类，共 10 章，124 课。该书体现出时代性、实用性的鲜明特点，在传承曾国藩家庭教育理论和方法的基础上加以发展、创新。如在《母教》篇中，特设德、智、体共同发展的课程，并把德育教育放在首要地位加以重视。又如，她在《家政》篇中特设《赞公益》一课，倡导新女性在新时代将自身言行与国家、社会的发展联系在一起，将家庭利益与国家、社会利益统一起来，即“利国利民之公益，不可不维持赞助”。这种发展、创新，对于丰富曾国藩家庭教育理论和方法的整体内涵，无疑做出了积极贡献，同时也对曾国藩家族人才辈出起了一定作用。

然而，曾国藩家族之所以兴旺发达、人才辈出，主要还是因为曾国藩家庭教育理论和方法的独特性起作用。概括起来说，主要体现在如下三个方面。

一是目标明确而又具体。曾国藩为了使曾氏家世兴旺发达、永不衰败，为了使曾氏家族子孙后代人才辈出，特将“耕读”“孝友”的教育摆在头等位置加以重视。他认为，尽管治家与治国关系密不可分，“历览有国有家之兴，皆由克勤克俭所致。其衰也，则反是”。① 但是，治家与治国又不完全是一码事。因为，家庭之组织，以父子兄弟为中

---

① 《曾国藩全集·家书（二）》，岳麓书社 2011 年版，第 525 页。

坚，要求得家事之顺遂，当以父慈子孝、兄友弟恭为原则；国家之组织，以君君臣臣为中坚，要求得国泰民安，当以君明臣忠为准绳。由于国家是由无数个家庭、家族组成，所以家庭教育、家族教育既是起点，也是基础。而在家庭教育、家族教育这个起点和基础之中，必须始终贯穿“耕读”“孝友”这四个字。他在家书中反复强调：

历观古来世家久长者，男子须讲求耕读二事，妇女须讲求纺绩酒食二事。①

无论治世乱世，凡一家之中能勤能敬，未有不兴，不勤不敬，未有不败者。②

一家能勤能敬，虽乱世亦有兴旺气象；一身能勤能敬，虽愚人亦有贤智风味。③

孝友为家庭之祥瑞。凡所称因果报应，他事或不尽验，独孝友则立获吉庆，反是则立获殃祸，无不验者。④

家败之道有四，曰礼仪全废者败、兄弟欺诈者败、妇女淫乱者败、子弟傲慢者败。⑤

从而，他为了实现耕读兴家兴族、孝友兴家兴族这个目标，在家书中细心而又具体阐述了如何实现这个目标的深刻内涵以及方式方法。

二是内容丰富且眼光长远。正因为曾国藩把家庭和家族兴盛衰败看得异常重要，从而他回顾过去、立足现实、展望未来，苦心构建内容丰富而又眼光长远的家庭教育理论和方法体系，耐心细致、循循诱导子弟们的一言一行。就其内容而言，涉及读书作文、修身处世、从政治军、谨守家风、善养身心多个门类。就其方式、方法而言，重点体现在消极和积极两个方面，即主动的训导和被动的防止同时并举。就眼光长远而言，与在政治观、文化观上表现出既维护传统又超越了传统相统一，他教育子弟攻读

---

① 《曾国藩全集·家书（二）》，岳麓书社 2011 年版，第 433 页。
② 《曾国藩全集·家书（一）》，岳麓书社 2011 年版，第 235 页。
③ 《曾国藩全集·家书（一）》，岳麓书社 2011 年版，第 238 页。
④ 《曾国藩全集·家书（二）》，岳麓书社 2011 年版，第 525 页。
⑤ 《曾国藩全集·日记（三）》，岳麓书社 2011 年版，第 9 页。

举业但又提醒子弟没有必要专守一途，应重在读书明理，重在自立自强。尤其值得指出的是，他敏锐地感受到了西方科学技术的先进性，反躬自省，认为平生有三耻，其中一耻是对“天文算学，毫无所知，虽恒星五纬，亦不识认”。从而，他希望子侄辈为他雪耻，希望曾氏家族后裔重视科学技术对强盛国家民族的作用。为此，他不仅为曾纪泽等开列多种科技书目供其阅读，而且在自己的衙署内配置了众多科技仪器图表供其观摩领会，还让他们经常向中外科学家李善兰、华蘅芳、徐寿、傅兰雅、伟烈亚力等学习请教。曾纪泽、曾纪鸿兄弟之所以分别在化学、数学等学科领域颇有造诣，曾氏家族后裔之所以科技人才众多，是与曾国藩的家训密切相关的。

三是身体力行做出榜样。曾国藩明确认识到，家庭教育不仅应该注重言教还应该重视身教。由于血缘的缘故，父兄与子弟的关系特别亲密，父兄对子弟如果一味地采取严格的言教，有时效果并不明显，所以他认为父兄以自身榜样去影响、去感化子弟是很有必要的。譬如，他严格教导约束曾家妇女亲自下厨房，亲手纺纱制衣、做鞋子和鞋垫，谁也不允许偷懒。据他的满女曾纪芬回忆说：“文正公为余辈定功课单……食事则每日验一次，衣事则三日验一次，纺者验线子，绩者验鹅蛋，粗工则每月验一次。每月须做成男鞋一双，女鞋不验。……照此遵行。”① 在当时，曾国藩的总督府内自总督夫人至儿媳、女儿等一众妇女，亲自动手下厨房做饭菜、亲手纺纱织布做衣服、亲手做鞋子鞋垫、亲手打扫庭院收拾家务是常有的事情，所以成为了晚清官场一缕难得的清新之风。曾国藩的这一勤俭持家的家规、家风之所以能够贯彻到底，并且发生预期效果，尽管原因多种多样，但首先应当是他自身榜样起作用的缘故。曾国藩一生自律极严，从不宽容、放纵自己的一言一行。他自奉俭朴，粗茶淡饭，对饮食生活要求不高。他立志“不要钱”、不贪财，堂堂一总督，有时竟入不敷出，去世后他的儿子曾纪鸿到京城赶考，居然还托左宗棠向刘锦棠借钱，从而引发左宗棠的“以中兴元老之子而不免饥困，可以见文正之清节，足为后世法

① 《曾宝荪回忆录·崇德老人自订年谱》，岳麓书社 1986 年版，第 15 页。

矣”的一番感叹。①他坚持早起，在衙署后院辟有菜地，亲手浇水锄草，在劳其筋骨的同时，为家人彰显耕读家风的重要性做出了表率。他时间观念极强，每天所要做的事情一般不打折扣，有时因下围棋耽搁了读书、写信和对公文的处理，哪怕到了深夜也要补上。我们从他的日记中可以见到，今晚补看古书多少页，明晚又添写某人书信、某人批牍多少件。他年轻时吸水烟很厉害，但后来以坚毅意志通过两年左右的时间，最终戒掉了烟瘾。他也有好女色之初性，凭他的地位和权势即使妻妾成群，别人也无可非议，但他一生只娶了一个小妾，而且是在晚年为他搔癣痒并服侍其起居生活的，况且不到三年时间这个陈姓小妾就因病去世了。他年轻时因在朋友家中见到貌美的女子，夜晚在梦中显露出欣喜之情，而马上在第二天的日记中加以反省自责。他为清王朝死力卖命，但朝廷对他并不信任，在1864年湘军攻占南京（金陵）后，不仅没有履行咸丰皇帝临终前“攻下金陵者王”的承诺，反而唆使御用文人利用夸大其词的证据而弹劾指责他和他的弟弟曾国荃，并自京畿至南京一带设置三道防线时刻窥视湘军的一举一动。面对朝廷对他的不信任，他强忍内心痛苦，主动裁减湘军以消除朝廷的无端猜忌。他坚持原则，对事不对人，为维护大局，他义无反顾，决不假让。面对有救命之恩却又违反军规军纪、兵败徽州后尚在外逗留多日的好朋友李元度，他不顾众人反对将其严厉参奏，借此严申军规军纪而对视军事为儿戏的人予以惩儆。尽管他甚感对李元度有“二疚”、有“三不忘”，后来又与李元度“缔婚姻而申永好”，李元度的著作《国朝先正事略》也首先由他作序推介而在士林中产生了很好影响，但他只是将其视作对个人私情的一种补偿，一直认为参劾李元度之举没有过错。等等。人们常说：“榜样的力量是无穷的。”诚为至理名言。完全可以说，曾国藩的家庭教育理论和方法，之所以在整个曾氏家族中产生重大成效，他的身教即自身榜样所起作用是不可低估的。

尽管曾国藩去世已经140多年了，他和他那个时代也已成为历史的陈迹，但他这个家族人才辈出的兴旺发达史告诉人们：曾国藩独特的家庭教

① 《左宗棠全集》第15册，岳麓书社1996年版，第285页。

育理论和方法，虽然掺杂有许多过时了的封建糟粕，理应予以抛弃，但其中又体现了许多值得借鉴吸取的有益成分。而在大力弘扬社会主义核心价值观，恢复、重塑、净化优良家风的今天，这种借鉴吸取也就显得特别必要和急切。这是我们编著本书的初衷和归宿所在。

《曾国藩家族家训》作为第一部较为全面系统的曾国藩家族家训、家规、家风方面的读物，由暨南大学出版社于2013年8月公开印行。三年多来，受到社会各界各文化层次读者的广泛关注，鉴于该书已脱销的实情，不少读者特别是“独服曾文正”微信群内部分同人，热切建议重新编订印行该书。岳麓书社刘文主任以其敏锐的识见和真诚的情感，随即致电我愿意出版此书。所以，《曾国藩家族家训》能在岳麓书社出版，我要由衷感谢刘文主任、李超平等诸位同人的鼓励、支持和帮助。同时，我要特意感谢曾纪芬曾孙女聂崇彬女士。是她将在海外收集到的《聂氏重编家政学》文稿无私惠赠给我，才能让我真正做到了将曾国藩家族重要家训文字比较齐全地汇入《曾国藩家族家训》之中。

岳麓书社版《曾国藩家族家训》，我们在原版基础上做了如下工作：将原版中附录之曾纪芬《廉俭救国说》一文撤掉，改以《曾纪芬家训》篇目出现，增加她所撰《聂氏重编家政学》一书有关内容，加以节录编注。将原版中文字错误、注释错误等做了订正，并对节录文字中前后及中间省去的文字，做了规范化的省略符号标记。考虑到家训原文大多比较易懂，此次删除了译文，以省篇幅。“评析”这一部分的文字，现移到原文前面，基本上未做多大改动，只是对个别与现实联系特别紧密的篇目文字做了补充。这是我要特意向读者加以说明的。

人生苦短，需要做的事情很多。我在1994年首次编著出版《帝王家训》等书以后，至今已有20多年的时间了。在这20多年的时间里，尽管我先后编著出版了多部有关中国传统家训方面的书籍，大多获得修订再版，有的发行达四五万册之多，产生了一定的学术影响和社会反响，但我深知自己才疏学浅，不敢说已对博大精深的中国传统家庭教育体系有了专深钻研。面对当今社会大谈特谈并急切呼唤良好家风、政风回归和张扬的现状，我深感作为一名史学研究工作者，有义务、有责任为总结、推介中国传统家庭教育理论和方法继续尽心尽力。从而，我衷心期盼读者诸君，尤其是我的孙子孙女成逸潇、成逸欢、成逸乐这一代心智正在成长过程中的青少年读者们，能够从中学习、领悟、吸取其有益成分，成为有人品、有学识、有才能，爱生活、爱民族、爱国家的身心健康的人才。

成晓军　2016 年 9 月于惠州学院　困知书屋

目 录

曾玉屏家训

曾玉屏（1774—1849），又名星冈，字鄭文，排行第三。年少时放荡不羁，遭人讥笑后痛自反思，从三十五岁起“始讲求农事”。他亲手制定“耕读”为本的家法，教导儿孙辈读书、做人、处事，深深影响到曾国藩兄弟的人生情趣和思想言行，并且为曾国藩家族家训体系打下了初步基础。曾国藩在家书、日记和诗文中常常提到祖父治家理论的合理性和可行性，明确强调谨守祖父家训的必要性和重要性。兹从曾国藩家书中转录曾玉屏一部分家训文字，以供读者品评。

001. 应明白“满招损”与“谦受益”的道理

曾国藩是湘乡大界曾氏一门第一个进士，也是曾玉屏引以为自豪的训育孙辈成才的一个典型。面临曾国藩进京散馆，即将步入政界做官之际，曾玉屏特意叮嘱长孙力戒骄傲自满之心。他明确提醒曾国藩，你在人品学识方面都不错，仕途一片光明，“尔的官是做不尽的”即是一种合适的鼓励。但他特别强调：仅仅现时人品学识不错还不行，应当时刻注意戒除一个“傲”字。这一教训，对曾国藩一生思想言行产生了深刻影响，读者可以从曾国藩生平诸多事例中得到证实。

原文

吾于道光十九年[1]十一月初二日进京散馆[2]，十月二十八早侍[3]祖父星冈公[4]于阶前，请曰：“此次进京，求公教训。”星冈公曰：“尔的官是做不尽的，尔的才是好的，但不可傲。满招损，谦受益，尔若不傲，更好全了。”咸丰十年九月二十四日《致沅弟季弟》

注释

1 **道光十九年**：即 1839 年。

2 **散馆**：清朝时翰林院设庶常馆，新进士朝考得庶吉士资格者入馆学习，三年期满考试后，视成绩高低留馆或到外地做官。

3 **侍**：陪伴侍候。

4 **星冈公**：指曾玉屏，号星冈。

002. 进一步应为退一步留有余地

曾玉屏的话语虽然不多，但蕴含一个深刻的哲理：一个人说话做事必须留有余地，必须懂得开头还要懂得结尾。预先反复思考、掂量，就会将失误降低到最少的程度。这一点，对于曾国藩的影响极其深远，终生难忘。从而，曾国藩针对自攻占太平天国首都天京后，清朝廷唆使一帮御用文人有意罗列湘军烧杀抢掠的依据以此压制曾氏兄弟及其湘军将领，曾国荃不得不辞官回湘乡老家休养，心中牢骚不满情绪随时有所流露的实情，追述祖父曾玉屏在处理这个问题上给予的教诲，希望其弟静心反思自己的得失是非，伺机重新出山报效君恩。

原文

星冈公教人常言："晓得下塘，须要晓得上岸。"又云："怕临老[1]打扫脚棍[2]。"同治五年八月二十四日《致沅弟》

注释

1 **临老**：到了晚年时候。

2 **扫脚棍**：湖南湘乡一带俗语，意即父母长辈对不听话的儿女拿棍子横扫双脚，以示惩罚。

曾麟书家训

曾麟书（1790—1857），字竹亭，派名毓济，曾国藩的父亲。他幼受家训，致力于科考之学，但在四十三岁那年“始得补县学生员”，仅比长子曾国藩早一年入县学。他自知资质“钝拙”，无望跻身科举入仕的更高阶梯，遂“发愤教督诸子”，将光大门第的希望寄托在曾国藩兄弟身上。据曾国藩在《台洲墓表》一文中回忆说：“国藩愚陋，自八岁侍府君于家塾，晨夕讲授，指画耳提，不达则再诏之，已而三复之；或携诸途，呼诸枕，重叩其所宿惑者，必通彻乃已。其视他学僮亦然，其后教诸少子亦然。”[1]曾麟书在教导子弟们悉心科考的同时，特别注重循循诱导他们明白读书做人的道理，灌输其忠君报国的理念。他不仅敦促曾国藩应命出山领兵治军，而且先后将四个儿子送上镇压太平天国农民起义的战场。在晚年，他把教导孙辈和管理农事的责任担当起来，“仍杜门不出，课孙子，检点农事，守吾之拙而已”[2]，为曾国藩等解除了不少后顾之忧。

曾麟书在对父亲曾玉屏所订家训理论和实践经验加以总结的基础上，形成了自己独特的关于家教目的、方法的观点，收到了明显的效果，尤其是循循善诱、教之有常、学之有心的家教途径和方法，对曾国藩兄弟及其后裔们产生了不可低估的影响。兹从台湾学生书局1975年出版之《湘乡曾氏文献补》中，节录曾麟书有关家训篇章，以供读者品评。

1 《曾国藩全集·诗文》，岳麓书社2011年版，第364页。

2 《湘乡曾氏文献补》，台湾学生书局1975年版，第45页。

003. 须用苦心学作八股文

清道光二十九年即1849年，曾国藩中进士已经有十一年，并且担任了礼部右侍郎的职务，正逢朝廷“恩宠有加”之际。曾麟书在这封家信中明确强调科举取士制度的重要性和必要性，学作八股文不仅是获取功名的行之有效的途径，而且可以使一个人对道义身心之学理解透彻。从而，他反复提醒正在重视经世致用之学的曾国藩，不要将八股取士这个问题的重视存有丝毫松懈，应当继续引导儿辈们朝着这条道路去获得功名富贵。这集中反映出曾麟书对中国传统文化特别是对科考制度的深厚情结，同时又从一个侧面约束强化了曾国藩对传统文化的坚守程度。

原文

读书作八股[1]，极为有理。童子心要入理，从诗论入门，心必粗；从八股入门，心乃细。代圣贤立言，孝弟[2]之心，仁义之理，皆能透彻，何等光明，即以为得功名之捷径……朝廷立法数百，不易[3]者惟制艺[4]耳。尔等不必深鄙[5]也。此后教纪泽[6]读书，定要作八股。至嘱，至嘱！道光二十八年十二月初九日《谕国藩》

注释

1 **八股**：明清科举考试的文体之一，也称制艺、制义、时艺、时文、八比文。因题目取于四书，故又称四书文。

2 **孝弟**：弟即悌。孝指孝顺父母，弟指友爱兄长。

3 **易**：转移；交替。

4 **制艺**：即八股文。

5 **鄙**：不重视；看不起。

6 **纪泽**：即曾国藩长子曾纪泽。

004. 官阶愈高愈要做到“谦虚谨慎”

曾麟书在篇中针对儿子曾国藩职位不断升迁，有可能产生骄傲自满情绪的苗头，语重心长教导他为人处事应当小心谨慎，对朝廷要以恪尽职守来报忠，对老师要安学生之分，对同僚要具备友好合作的心迹。并以何绍基学问人品俱佳为例，说明善待同事、朋友的重要性；以李星沅对曾国藩有过关照、鼓励之恩，说明善待前辈、上级的必要性。总之，一个人做官应当做到“公而忘私”，尽心尽力，丝毫不能有松懈怠慢的现象发生。而曾麟书在篇中说到辅导曾纪泽等幼儿练书法不可求速效，必须“循循善诱”，坚持不懈引导的观点，则又体现出明显的专业学术色彩。

原文

尔蒙皇上天恩，升礼部右侍郎[1]，廿三日召见，训诲谆切[2]。尔惟赞襄庶政[3]，矢[4]慎矢勤，以报皇恩于万一耳。官阶既高，接人宜谦，一切应酬，不可自恃[5]，见各位老师，当安门生之分；待各位同寅[6]，当尽协恭[7]之谊。至于同乡官如何子贞[8]，尔请渠[9]作祖父大人七十寿序，写作[10]俱臻[11]绝顶，有此学问，品行必端，尔宜善待之。外官李石梧[12]前辈，癸卯年[13]巡抚陕西，尔是年放四川正考官，道过其地，渠待尔极好，并受其指教，为惠最大。渠现总督两江，每年必以书信问候而已。若有人干[14]以私情，宜拒绝之。做官宜公而忘私，自尽厥职，毋少懈怠已耳。此嘱！

……

再者纪泽读书，记悟皆好，甚善，甚善！教书[15]不可求速效，循循善诱，教之有常，自然有效。道光二十九年三月初九日《谕国藩》

注释

1 **礼部右侍郎**：礼部，官署名，以尚书为主官，左右侍郎为辅官，相当于今部长、副部长的官职。礼部掌管礼乐、祭祀、宴乐及学校贡举等的政令。清末改为典礼院。

2 **谆切**：教诲恳切、耐心。

3 **庶政**：各种政治事务。

4 **矢**：发誓。

5 **自恃**：自以为是；恃才傲物。

6 **同寅**：同僚，一起做官的人。

7 **协恭**：友好合作。

8 **何子贞**：即何绍基，字子贞，号东洲，湖南道州（今道县）人，道光进士。通经史、小学，旁及金石文字，又工书法。

9 **渠**：他。

10 **写作**：指书法和文章。

11 **臻**：达到。

12 **李石梧**：即李星沅，字子湘，号石梧，湖南湘阴人，道光进士。历任陕西巡抚、陕甘总督、云贵总督、两江总督等要职。

13 **癸卯年**：1843 年。

14 **干**：追求；涉及。

15 **书**：此处指书法。

005. 忠君报国“即为至孝”

曾国藩自道光二十九年即1849年农历十一月十五日接到祖父病逝的消息后，思亲之念愈加迫切，曾专折奏请准假回乡省亲。在给诸弟的信中说：“惟离家十年，想见堂上之心，实为迫切。”① 作为家中长

① 《曾国藩全集·家书（一）》，岳麓书社2011年版，第180页。

子，曾国藩有这样的心愿和打算，是完全可以理解的。但曾麟书一门心思考虑的是不要儿子影响自己的工作职责，故在这段家训中细心开导曾国藩“努力图报”皇恩，就是对父母双亲最大的孝敬，千万不要专折请假回乡省亲。这清楚地反映出曾麟书反复教导儿子“公而忘私”、舍小家为大家的一贯主张。

原文

十年宦游[1]，思亲本人子之常情。然而尔数年之内顿跻卿贰[2]，受恩亦太重矣。努力图报，即为至孝，何必作归家之想？今卜[3]十二月初九日安厝[4]祖大人灵柩，人子之事，止此一时，予兄弟总求必诚，弗[5]悔于后焉耳。尔在京不必过虑。予夫妇现皆精神强健，尔欲遂思亲之意，或予夫妇就养亦可，或明年恩科[6]，尔得主差，便道省亲亦可，至若专折乞假旋里[7]则不可。道光二十九年十一月十八日《谕国藩》

注释

1 **宦游**：做官在各地。

2 **跻**（jī）：升登；跨入。　**卿贰**：朝廷高级官员。

3 **卜**：选择；占卜。

4 **厝**（cuò）：放置；把棺材浅埋以待改葬或把棺材停放待葬。

5 **弗**：不；不要。

6 **恩科**：特别情况下增加的科举考试。

7 **旋里**：回乡里。

006. 专心读书与诚心改过同等重要

清咸丰元年即1851年秋天，曾国华、曾国荃和曾国葆兄弟三人正在长沙城南书院就读，但国葆心志旁骛，少专心恒心，国华则抵挡不住省城纷华风气的影响，贪图享受，且私自做主将女婢纳为小妾。于是，曾麟书在篇中针对他们兄弟俩的实情，分别予以告诫。在指出其过错的根源和危害性的同时，也给以必要的开导鼓励。字里行间，无不浸透着父亲对儿子的一片殷切期望之心。

原文

季男[1]临场揣摩墨卷，一心读书，切莫分心外务。心不专则业不精，心驰于外则业荒于内。此不可不知所戒也。况奉命堂上[2]，蒇修[3]麓山，越俎代庖，是舍其田而芸[4]人之田也，于己何益？至嘱，至嘱！温男[5]予前次信内告诫甚详，闻近已改过，不胜欢悦。改过不吝[6]，获福甚大。古圣人位极九五之尊[7]，克宽克仁，德莫与京[8]，而先在于能改过，以能纳臣工[9]之直言……尔父生平大节无亏，而于尔格外一种仁爱，又有一种期望之心。尔实能改过，自是以副[10]尔父母之望，岂不幸哉！咸丰元年七月初八日《谕国华国荃国葆》

注释

1 **季男**：即曾国葆，字季洪。
2 **堂上**：指父母高堂。
3 **蒇**（chǎn）**修**：意指完成学业。
4 **芸**：为“耘”之义，即耕耘田地，此处喻指未抓住主业。
5 **温男**：即曾国华，字温甫。
6 **不吝**（lìn）：即不要过分爱惜。吝，吝惜。
7 **九五之尊**：身居帝王之位。
8 **莫与京**：即不能与之比大。京指大的意思。
9 **臣工**：朝廷文武百官。
10 **副**：指符合的意思。

007. 娶儿媳妇不应嫌弃庶出

针对曾国藩在为曾纪泽订婚这件事上因受夫人影响动摇不定，甚至出尔反尔的表现，曾麟书在篇中耐心细致而又措辞严厉地进行了反复开导。这至少给后人有四点启示值得注意：一是为人处事不能出尔反尔，不要只顾及自己的面子，而不考虑他人的难堪，即与贺家联姻，“人人咸知”，如今则以“庶出不对其女，更有何人来对”；二是选择儿媳妇，不应看其是否嫡出庶出，关键要看人品如何，家教如何，即曾家所求的“淑女”；三是曾麟书对曾国藩教训开导，很注意用事实说话，即以胡林翼的夫人是庶出为例，说明庶出之女对丈夫及家族脸面并不会产生根本性影响；四是以曾国藩最终娶欧阳氏为妻，主要听从的是曾国藩祖父的意见，而且年龄小、身体矮小并不影响妇道的发挥。尽管曾麟书在篇中不时流露出“父为子纲、夫为妻纲”等封建纲常伦理观念，但其例证合情合理，易于受到启发。

事实上，曾国藩在父亲的启发开导下最终同意了这门婚事，只不过贺长龄女儿与曾纪泽成婚一年多后，因难产去世。

原文

所言纪泽定贺耦耕[1]先生之女为室[2]，择期订盟[3]，而以为庶出[4]嫌之。娶媳求淑女，佳儿佳妇，父母之心。所以儿女择配，父母主之，祖父母不敢与闻[5]。……耦耕先生之女，系罗罗山[6]作媒，尔从前寄信回，言一定对[7]贺氏女。……其女端庄体好，真淑女也。耦耕先生夫人，壸范[8]甚严，如夫人[9]陈氏，亦士人家女，年较夫人稍长，佐内政甚好。霞仙[10]自省归，予问及，亦如罗山言。华男[11]目见其女，予问之，云：“若对此女，异日[12]体度，可接祖母懿规[13]。”予是以择期订盟。今尔又言是庶出，异日其姑[14]必嫌之，纪泽亦必嫌之，尔不能禁止。此尔饰非之词也。尔幼年，作媒者不下十余人，尔不愿对，皆祖父大人所不愿者。尔岳父沧溟[15]先生以其女来对，祖父大人欣然，尔母不喜：一则嫌其年小，一则嫌其体小。厚奁[16]之说，更不必言。予承祖父之欢，毅然对之。冢妇[17]在家六年，朝夕随尔母而无介蒂之嫌者……若纪泽来京，年只一岁，予送之四千余里之遥，一路平安，谁之力也？予为之定一淑女，岂可以庶出为嫌乎？……目前陶文毅公[18]与胡云阁[19]先生结姻，陶女庶出也，胡润滋[20]为太守，初不闻嫌其妇。润滋官声甚好，官阶不可限量，异日其妇以夫荣，诰授夫人，庶出之女，又何如尊贵也。尔宜以此告知尔妇尔子。夫者，扶也，扶人伦也。冢妇宜听尔教训，明大义，勿入纤巧一流。至父为子纲，纪泽尤当细细告之，勿长骄矜[21]之气习。我家世泽[22]本好，尔宜谨慎守之。况尔前信内，念及耦耕先生，始与结姻，人人咸知[23]。今又以庶出不对其女，更有何人来对？贺氏固难为情，即尔此心何以对耦耕先生于地下？尔寄信于予，要对此女为媳，予又为之细察，始择期订盟。今忽然不对，尔又何以对予于堂上？……尔夫妇即一心以此女为媳，纪泽一心以此女为妇，异日贺氏女来我家，主中馈[24]，纪泽得一心读书，光大门第，必纪泽夫妇也。庶出一事，先行说出，亦是好事，后乃不怀此意在心中矣。予以尔列卿位[25]，国家大事得与闻者，独贵明断，况为男儿定婚，尔宜自主之，予亦不必多出议论也。此嘱。咸丰元年十一月十一日《谕国藩》

注释

1 **贺耦耕**（1785—1848）：湖南善化（今长沙）人，名长龄，字耦耕，号西涯、雪霁。嘉庆进士。官至云贵总督兼署云南巡抚。主持编纂《皇朝经世文编》，对近代中国经世之学的形成产生过重要影响。

2 **为室**：为妻子；为夫人。

3 **订盟**：订婚。

4 **庶出**：妾所生，区别于妻所生。

5 **与闻**：参与并知道。

6 **罗罗山**：即罗泽南（1808—1856），湖南湘乡人，字仲岳，号罗山。诸生出身。曾国藩的儿女亲家。1852 年在籍倡办团练，次年助曾国藩编练湘军。其弟子众多，大多成为曾国藩所依赖的湘军儒将。

7 **对**：本指配偶，这里指娶。

8 **壶范**：喻指做家庭主妇的榜样、示范作用。

9 **如夫人**：妾的别称。

10 **霞仙**：即刘蓉（1816—1873），湖南湘乡人，字孟容，号霞仙。诸生出身。曾国藩的儿女亲家。1852 年助罗泽南办团练，后助曾国藩出师东征太平天国农民起义。官至陕西巡抚。

11 **华男**：指曾国华。

12 **异日**：他日；以后；将来。

13 **懿**（yì）**规**：美好的规矩、言行准则。

14 **姑**：指丈夫的母亲。

15 **沧溟**：即欧阳凝祉（1786—1869），字福田，又名鳌。曾国藩的岳父、老师。被地方政府确定为“学官弟子”，其一生边做学问，边设馆授徒。

16 **厚奁**（lián）：丰厚嫁妆。

17 **冢**（zhǒng）**妇**：嫡长子的妻子。

18 **陶文毅公**：即陶澍（1779—1839），湖南安化人，字子霖，号云汀。嘉庆进士。官至两江总督。倡导经世致用之学，死后谥文毅。

19 **胡云阁**：指胡林翼的父亲。

20 **胡润滋**：即胡林翼（1812—1861），字贶生，号润芝，此处“滋”为“芝”之误。湖南益阳人。道光进士。官至湖北巡抚。1854 年始，与曾国藩密切合作抗击太平军，在治军、人才网罗等方面对曾国藩帮助较大。

21 **骄矜**（jīn）：骄傲自大。

22 **世泽**：祖先的恩惠，主要指权势、财产、地位等。

23 **咸知**：都知道。

24 **中馈**：古时指妇女在家主持饮食的事。

25 **卿位**：朝廷高官的位置。

008. 竭力报效朝廷即是“尽孝之道”

咸丰二年即1852年初，母亲江氏病重卧床，这对多年未回家乡省亲的曾国藩来说，思亲之情更加强烈，写信禀报父亲要率全家大小回家乡看望双亲。曾麟书针对曾国藩思亲情切，首先肯定这是人子之“至性至情”，但他更多考虑的是不要影响曾国藩的工作，从而去信叮嘱应以公事为重，以国事为重，并且明确提醒曾国藩，如能尽心、尽力、尽职、尽责为朝廷效力，就是对父母尽孝的突出表现。由此篇家训可见，曾麟书目光开阔，考虑深远，以自己的言行为儿辈树立了“修身、齐家”的榜样。有这样胸怀宽广、深明大义、舍小家为大家的父亲，曾国藩怎么能不尽心国事呢？

原文

二月接尔今年所发第一号安信，云欲率眷口[1]南旋省亲之意，本属人子之至性至情，但官秩[2]是朝廷所颁，职分是己躬[3]所尽。尔今所任礼部侍郎兼署刑部侍郎，礼部位清贵[4]，刑部事繁重，君恩厚矣，惟日孜孜[5]尽力供职，以报塞[6]于万一，即是尽孝之道，何必以予夫妇为念，而有归省之辞也？做官者不问官秩之加不加，只问职分之尽不尽，庶[7]外可以对吾君，内可以对吾亲矣。咸丰二年二月二十三日《谕国藩》

注释

1 **眷口**：家人。

2 **官秩**：做官的品级。

3 **己躬**：身体力行。

4 **清贵**：清高尊贵。

5 **孜孜**（zī zī）：勤勉的样子。

6 **报塞**：报答补充。

7 **庶**：庶几；差不多；有可能。

009. 应“以尽己职”而“答皇恩”

在咸丰二年即1852年春天，曾国藩考虑母亲病重，作为长子且离家多年理应回家省亲，故连续几封信中谈到这件事。作为父亲，曾麟书思儿之念也很急切，况且其夫人病情日见加重，让儿子回家省亲也是人之常情，但他与前封信中的观点一致，劝导曾国藩应当以国事为重，以报效君恩、报效朝廷为重，以尽职尽责做好官为重。自古忠孝不能两全，况且忠于国家、忠于君主、忠于朝廷，与孝顺父母是一致的，是不矛盾的。从此篇家训内容可见，曾麟书教导儿子“公而忘私、公而忘家”的观念是贯通一致的。

原文

尔蒙皇上厚恩，兼署吏部左侍郎，不胜欣幸。两朝[1]知遇，六部[2]已历五部，恩既渥[3]矣，惟朝乾夕惕，以报塞于万一。盖[4]官秩愈高，则职分愈重，念兹[5]在兹，恪[6]供尔职，乃可以对吾君而无愧于为臣。尔信言今冬有省亲之举，《孝经》云：“中以事君。”谓中年时竭力做好官，即是为孝。尔年四十一岁，正是做官之时，为朝廷出力以尽己职，以答皇恩，扬名显亲，即不啻[7]日侍吾夫妇之侧，何必更念南旋，孜孜焉欲省亲也。咸丰二年三月初五日《谕国藩》

注释

1 **两朝**：指道光朝和咸丰朝。

2 **六部**：古代中央官制。明清时独立建置为吏部、礼部、户部、兵部、刑部、工部六个部。

3 渥（wò）：厚；重；沾润。
4 盖：承上文说明理由或原因。
5 兹：此；这。
6 恪（kè）：谨慎而恭敬。
7 啻（chì）：只有；仅仅。

010. 为人臣子“宜为君上分其忧”

咸丰二年即1852年农历四月间，曾国藩的母亲病情愈益加重，思亲之情也就愈益急切。然而，此时太平天国农民起义如急风暴雨般冲击着大清王朝的统治，前线官兵节节败退，形势异常严峻。对此，曾国藩忧心忡忡，加之母亲病势加重，真是国事家事连踵而至，而他从忠于清王朝出发，已于1851年4月和5月先后两次冒着杀头的危险上奏，批评咸丰皇帝诸多过错。尽管有祁寯藻等大臣出面说情，皇上没有对他予以严厉惩罚，但太平天国农民起义的烽火不仅未能平息，反而形成了燎原之势。所以，他从一定程度上对清王朝命运产生失望的感觉，回乡省亲的愿望无时不横亘于胸中。曾麟书在此篇中仍然站在“公而忘私、公而忘家”“忠孝不能两全”的角度，细心开导鼓励曾国藩在国家危难之际“宜为君上分其忧”，而且在肯定他直抒己见“进言”的同时，鼓励他集思广益，帮助朝廷应付“时事维艰”的难关。曾国藩牢记父亲的教诲，尽心关注时势的发展，没有立即赶回家乡，只是在四个月后母亲去世才获得朝廷批准，回乡奔丧尽人子之孝。

原文

尔居卿贰之位，当此时事维艰，宜为君上分其忧。万一进言可有益于时事，皇上圣明，采而用之，亦未可知。又劝同寅各抒所见，以呈奏皇上，集群谋而用，教匪[1]不难除矣。予谓尔之归不归，视时势之

可不可……咸丰二年四月初十日《谕国藩》

注释

1 **教匪：**贬称太平天国农民起义军。

曾骥云家训

曾骥云（1807—1860），字高轩，派名毓驷，曾麟书的弟弟，曾国藩兄弟唯一的叔叔。他只比曾国藩大六岁。可能因年龄相近的缘故，他与长侄曾国藩关系非常密切。他膝下无子，是曾国藩做母亲江氏的工作，才将曾国华正式过继为抚嗣。从而，曾骥云主动与哥哥曾麟书配合，担当起照顾父母、训育孙辈的职责。对此，曾国藩内心非常感激叔父的恩德，在家书中曾反复叮嘱曾国潢等人，要做到"推祖父母之爱以爱叔父，推父母之爱以爱温弟之妻妾儿女及兰、蕙二家"[1]。并希望曾纪泽、曾纪鸿、曾纪梁、曾纪渠、曾纪瑞等子侄辈，"轮流到老屋久住"，要求大妹、二妹即国兰、国蕙等人"亦轮流常去"看望安慰叔父以尽孝[2]。

曾骥云则深知曾国藩的"发迹"来之不易，在悉心教育子侄辈读书应考的同时，千方百计提醒家人不要自恃曾国藩的"显达"而干预地方公务，自身则以实际行动为乡人做好事，如倡建社仓之类慈善机构，获得乡人好评。

1 《曾国藩全集·家书（一）》，岳麓书社 2011 年版，第 397 页。

2 《曾国藩全集·家书（一）》，岳麓书社 2011 年版，第 395 页。

011. 做官应“尽忠图报”

咸丰元年即1851年，曾国藩针对太平天国农民起义导致清王朝风雨飘摇的严酷现实，秉持尽忠报国之心，先后呈递两个奏折，矛头直指咸丰皇帝诸多过错，差点招来杀身之祸。事后，曾骥云细心阅看曾国藩所递奏折抄件，为之捏了一把汗，幸亏皇帝最终容纳了曾国藩的“戆直”，才使其避免了一场杀身之祸。在篇中，曾骥云鼓励侄儿应当感恩图报，做到“为国忘家”，不要挂念家事。在这里，曾骥云并未一味地提醒曾国藩见风使舵，收敛谏诤锋芒，而是从“尽忠图报”这个角度，鼓励其尽到臣子的职分。

原文

所付回奏稿[1]，再三细阅，未免戆直[2]太过，幸圣恩嘉纳，真有唐虞[3]君臣之风矣。嗣后[4]靖共[5]尔位，为国忘家，尽忠图报，不必念及家事。咸丰元年六月初五日《谕国藩侄》

注释

1 **奏稿**：古时臣子对帝王陈述意见或说明事情的禀报文稿。

2 **戆**（zhuàng）**直**：憨厚而刚直。

3 **唐虞**：古史言陶唐氏（尧）与有虞氏（舜），都以揖让有天下，认为唐虞时是太平盛世，是中国历史上最美好的时代。

4 **嗣后**：此后。

5 **靖共**：恭谨。

欧阳凝祉家训

欧阳凝祉（1786—1869），初名鳌，又名沧溟，字福田，湖南衡阳人，曾国藩的业师和岳父。他的曾祖父、祖父和父亲均寿命不长，其曾祖母、祖母和母亲则和洽相处，支撑欧阳氏门面，节孝之名声远近传扬。1839 年，曾国藩在任职礼部时，特作《欧阳氏姑妇节孝家传》上奏朝廷，获准“节孝之门”旌表。

欧阳凝祉自幼接受过严格的传统教育，二十三岁开始一边读书做学问，一边设馆授徒。曾在家乡“课徒凡四十年”，晚年又主讲莲湖书院达十年之久。

012. 为人臣子不要满足于“临时谏诤”

欧阳凝祉在篇中首先肯定曾国藩能够从尽忠报国出发，敢于直抒己见提出自己的看法。进而，赞许咸丰皇帝有虚心听取臣下意见的胸怀。他特别提醒曾国藩，不要图一时进谏猎取声名，关键在做好本职工作的同时，一如既往关心国家前途命运。这个观念与曾国藩的父亲曾麟书、叔父曾骥云惊人的相似，即他们不是告诫曾国藩少说真话，不要顶撞惹怒君王的权威而明哲保身，相反他们总是在肯定曾国藩言行的同时，鼓励他应当尽职尽责，该说的话应该说，应当做的事情主动自觉去做。

原文

仁婿衷至性[1]而发为正直，本学术而抒为鸿猷[2]，有古羔羊素丝[3]之风，……唐之房、魏，宋之韩、欧，[4]不得专美于前。合观奏疏上谕[5]，庆朝廷有直言敢陈[6]之臣，圣天子有从谏如流[7]之美，其遇合[8]岂易得之当世哉！考[9]古大人格[10]君心之非，良由闻望足以弭[11]其邪心，言色足以消其逸志[12]，积诚感悟，非徒兢兢于临时谏诤[13]已也。……咸丰元年十二月十二日《示婿曾国藩》

注释

1 **至性**：纯厚的性情。

2 **鸿猷**：大计划。

3 **羔羊素丝**：喻指廉洁正直的官吏。

4 **唐之房、魏，宋之韩、欧**：指唐宋名臣房玄龄、魏徵、韩琦、欧阳修。

5 **上谕**：皇帝给臣下的指示、指令。

6 **陈**：发表言论；陈述己见。

7 **从谏如流**：指帝王能随时听取臣属的劝谏。

8 **遇合**：得到君王的赏识。

9 **考**：思考；考察；检查。

10 **格**：推究。

11 **弭**（mǐ）：平息；消灭；消弭。

12 **逸志**：纵欲放荡的心思。

13 **谏诤**：直言规劝。

曾国藩家训

曾国藩（1811—1872），字伯涵，号涤生，湖南湘乡人。清道光年间进士。咸丰二年年底（1853年初），他以吏部侍郎身份奉旨“夺情出山”前往长沙帮助湖南巡抚办理团练。1854年2月在此基础上扩编成湘军，自衡州（今衡阳）出师东征，独当一面与太平天国农民起义军为敌，经十余年生死搏斗，于1864年秋天攻占太平天国首都天京，成为“中兴名臣”之首。同时，他在与太平天国农民起义军搏斗的过程中，逐渐领略到西方“长技”的先进性，感悟到清王朝“气数已尽”的危机愈益显现，从而首倡以“师夷长技以制夷”为主旨的洋务运动，开中国近代对内改革、对外开放的先河，为延长清王朝六十余年的寿命立下了汗马功劳。他历任礼、兵、工、刑、吏各部侍郎，两江总督、直隶总督，并授大学士（相当于宰相官衔）、一等毅勇侯的官爵，死后受封“文正”的谥号。

尽管自曾国藩逝世至今140余年间，人们对他的生平学术与事功一直存在着不同意见，但对他的家庭教育理论和方法，几乎一致予以肯定。这是因为，不仅曾国藩的家庭教育理论体系完整，内涵丰富，而且其方法亲切有味，实践性、操作性强，更为重要的是家教成效显著，影响深远。兹从岳麓书社版《曾国藩全集·家书》中选取部分内容，以供读者品评。

013. 读书宜专一耐久

曾国藩在篇中反复强调，一个人要做学问就必须在有耐心的基础上做到专攻一门，绝不可泛泛而学。这一读书方法是他亲身经验之总结，至今仍可效法。

原文

穷经必专一经，不可泛骛[1]。读经以研寻义理为本，考据名物为末。读经有一耐字诀。一句不通，不看下句；今日不通，明日再读；今年不精，明年再读。此所谓耐也。读史之法，莫妙于设身处地。每看一处，如我便与当时之人酬酢[2]笑语于其间。不必人人皆能记也，但记一人，则恍[3]如接其人；不必事事皆能记也，但记一事，则恍如亲其事。经以穷理，史以考事。舍此二者，更别无学矣。

盖自西汉以至于今，识字之儒约有三途：曰义理[4]之学，曰考据之学，曰词章[5]之学。各执一途，互相诋毁。兄之私意，以为义理之学最大。义理明则躬行有要而经济有本。词章之学，亦所以发挥义理者也。考据之学，吾无取焉矣。此三途者，皆从事经史，各有门径。吾以为欲读经史，但当研究义理，则心一而不纷。是故经则专守一经，史则专熟一代，读经史则专主义理。此皆守约之道，确乎不可易者也。

若夫经史而外，诸子百家，汗牛充栋。或欲阅之，但当读一人之专集，不当东翻西阅。如读《昌黎集》[6]，则目之所见，耳之所闻，无非昌黎。以为天地间，除《昌黎集》而外，更别无书也。此一集未读完，断断不换他集，亦专字诀也。六弟谨记之。道光二十三年正月十七日《致澄弟温弟沅弟季弟》

注释

1 **泛骛**：广泛求取追逐。
2 **酬酢**（chóu zuò）：交际往来。
3 **恍**（huǎng）：忽然，仿佛。
4 **义理**：经义名理。
5 **词章**：诗文的总称。
6 **《昌黎集》**：指唐代文学家、思想家韩愈的文集。

014. 业精之法在于专

曾国藩在篇中所讲实际上涉及做学问有了一定基础之后，如何进一步深入下去的问题。如果只是“半桶水”，什么学问都想做，结果就会什么也做不成。这就必须做到一个“专”字，只有专，学问才可能做到精深。这种有目的、有计划、有选择地循序渐进的学习方法，至今仍有借鉴意义。

原文

求业之精，别无他法，曰专而已矣。谚曰“艺多不养身”谓不专也。吾掘井多而无泉可饮，不专之咎也。诸弟总须力图专业。如九弟志在习字，亦不必尽废他业。但每日习字工夫，断不可不提起精神，随时随事，皆可触悟。四弟、六弟，吾不知其心有专嗜[1]否？若志在穷[2]经，则须专守一经；志在作制义[3]，则须专看一家文稿；志在作古文[4]，则须专看一家文集。作各体诗亦然，作试帖[5]亦然，万不可以兼营并骛，兼营则必一无所能矣。切嘱切嘱，千万千万。此后写信来，诸弟各有专守之业，务须写明。且须详问极言[6]，长篇累牍。使我读其手书，即可知其志向识见。凡专一业之人，必有心得，亦必有疑义。诸弟有心得，可以告我共赏之；有疑义，可以问我共析之。道光二十二年

九月十八日《致澄弟温弟沅弟季弟》

注释

1 **嗜**：喜爱；爱好。

2 **穷**：推究到极点。

3 **制义**：明清时代科举考试的文字程式，又称制艺，即八股文。

4 **古文**：唐代时称秦汉之文为古文，即以文言写成的散体文。

5 **试帖**：唐以来科举考试中采用的一种诗歌体裁。多用五言六韵，有一定的程式。

6 **极言**：把话说到深处。

015. 读书应有恒心

曾国藩在篇中以自己的切身体会告诉他的各位弟弟，做学问的方法是多种多样的，也是无穷无尽的，但集中起来却又离不开“有恒”二字。只要有恒，上等才思之人可以成才，中等才思之人亦可以成才。这一观点，是曾国藩对治学经验的总结，至今仍有启迪意义。

原文

学问之道无穷，而总以有恒为主。兄往年极无恒，近年略好，而犹未纯熟。自七月初一起，至今则无一日间断。每日临帖百字，钞书百字，看书少亦须满二十页，多则不论。自七月起，至今已看过《王荆公文集》[1]百卷，《归震川文集》[2]四十卷，《诗经大全》[3]二十卷，《后汉书》[4]百卷，皆朱笔加圈批。虽极忙，亦须了本日功课，不以昨日耽搁而今日补做，不以明日有事而今日预做。诸弟若能有恒如此，则虽四弟中等之资，亦当有所成就，况六弟、九弟上等之资乎？……兄日夜悬望，独此有恒二字告诸弟，伏愿诸弟刻刻留心。道光二十四年十一月二十一日《致澄弟温弟沅弟季弟》

注释

1《王荆公文集》：指宋代思想家王安石的文集。
2《归震川文集》：指明代思想家归有光的文集。
3《诗经大全》：明代胡广撰，明清科举考试的标准书之一。
4《后汉书》：南朝宋范晔撰，计一百三十卷，专记东汉一代史事。

016. 明修己治人之道才叫读书

曾国藩在篇中详尽阐述了读书与修身养性的密切关系，不仅学术性很突出，而且其政治观也很明显，可以说是他对封建道德修养观集中而精辟的见解，同时也反映出朴素辩证法的精要思想主张。虽然这是以传统伦理道德来作为衡量准则的，但就读书做人这一点而言，是可以在批判剔除其糟粕的前提下加以借鉴的。

原文

六弟自怨数奇[1]，余亦深以为然。然屈于小试辄[2]发牢骚，吾窃笑其志之小，而所忧之不大也。君子之立志也，有民胞物与[3]之量，有内圣外王[4]之业，而后不忝[5]于父母之生，不愧为天地之完人。故其为忧也，以不如舜不如周公为忧也，以德不修学不讲为忧也。是故顽民梗化[6]则忧之，蛮夷猾夏[7]则忧之，小人在位贤才否闭则忧之，匹夫匹妇不被己泽则忧之，所谓悲天命而悯人穷。此君子之所忧也。若夫一身之屈伸，一家之饥饱，世俗之荣辱得失、贵贱毁誉，君子固不暇忧及此也。六弟屈于小试，自称数奇，余窃笑其所忧之不大也。

盖人不读书则已，亦即自名曰读书人，则必从事于《大学》[8]。《大学》之纲领有三：明德、新民、止至善，皆我分内事也。若读书不能体贴到身上去，谓此三项与我身了不相涉，则读书何用？虽使能文能诗，博雅自诩，亦只算得识字之牧猪奴耳！岂得谓之明理有用之人也乎？朝廷以制艺取士，亦谓其能代圣贤立言，必能明圣贤之理，行圣贤之行，可以居官莅民[9]、整躬率物[10]也。若以明德、新民为分外事，则虽能文能诗，而于修己治人之道实茫然不讲，朝廷用此等人作官，与用牧猪奴作官何以异哉？然则既自名为读书人，则《大学》之纲领，皆己身切要之事明矣。其条目有八，自我观之，其致功之处，则仅二者而已：曰格物，曰诚意[11]。

格物，致知之事也；诚意，力行之事也。物者何？即所谓本末之物也。身、心、意、知、家、国、天下皆物也，天地万物皆物也，日用常行之事皆物也。格者，即物而穷其理也。如事亲定省，物也；究其所以当定省之理，即格物也。事兄随行，物也；究其所以当随行之理，即格物也。吾心，物也；究其存心之理，又博究其省察涵养以存心之理，即格物也。吾身，物也；究其敬身之理，又博究其立斋坐尸[12]以敬身之理，即格物也。每日所看之书，句句皆物也；切己体察、穷究其理，即格物也。此致知之事也。所谓诚意者，即其所知而力行之，是不欺也。知一句便行一句，此力行之事也。此二者并进，下学[13]在此，上达[14]亦在此。道光二十二年十月二十六日《致澄弟温弟沅弟季弟》

注释

1 **数奇**（jī）：命运乖舛，遭遇不顺当。

2 **辄**（zhé）：犹“即”。

3 **民胞物与**：民为同胞，物为同辈，泛指爱一切人和物。

4 **内圣外王**：儒家的政治理想，指所谓圣人兼有王者之位。这里指具有圣人的才德，对外施行王道。

5 **忝**（tiǎn）：辱，旧时为谦逊之词。

6 **顽民**：不顺服之民。 **梗化**：顽固不化。

7 **蛮夷猾夏**：古代蔑称华夏民族以外的各少数民族搅乱中原王朝统治秩序。

8 《**大学**》：“四书”之一，本是《礼记》中一篇。汉代始称为小经，宋末以后封建王朝为了统治需要，规定以《大学》等取士，成为旧时士人猎取功名的必读书籍。

9 **居官莅民**：做官接触民众。

10 **整躬率物**：整齐严肃自己的言行，为别人做出表率。

11 **诚意**：意念真诚。

12 **立斋坐尸**：“坐如尸，立如斋”之省语。斋，斋戒。尸，祭祀中装扮的受祭者。

13 **下学**：向不如自己的人主动请教。

14 **上达**：对事理认识得透彻。

017. 读书不可有好名之心

读书贵在潜心。贪多务滥，无非“好名”心切。世事纷扰，万不可因名利之心而乱了“方寸”。这里，用得着曾被曾国藩当作座右铭的一句名言：“莫问收获，但问耕耘。”

原文

吾谓读书不求强记，此亦养身之道。凡求强记者，尚有好名之心横亘于方寸[1]，故愈不能记；若全无名心，记亦可，不记亦可，此心宽然无累，反觉安舒，或反能记一二处，亦未可知。此余阅历语也，植弟试一体验行之。咸丰五年七月初八日《致澄弟温弟沅弟季弟》

注释

1 **方寸**：心神。

018. 须有志于道义身心之学

有“道义身心之学”，有“记诵词章之学”，曾国藩显然是把“道义身心之学”摆在首位的。人皆可以为尧舜，问题是有没有这个诚心，能不能付诸实践。诚心向善，做一点是一点，“道义身心”自然会有长进，这跟“记诵词章”显然是两个方面的问题。撇开《小学》《五种遗规》的思想内容不谈，单就二者关系来说，这也就是我们今天常讲的德育和智育的关系。

原文

季弟有志于道义身心之学，余阅其书，不胜欣喜。凡人无不可为圣贤，绝不系乎读书之多寡。吾弟诚有志于此，须熟读《小学》[1]及《五种遗规》[2]二书。此外各书能读固佳，不读亦初无所损。可以为天地之完人，可以为父母之肖子，不必因读书而后有所加于毫末也。匪但四六古诗可以不看，即古文为吾弟所愿学者，而不看亦自无妨。但守《小学》《遗规》二书，行一句算一句，行十句算十句，贤于记诵词章之学万万矣。咸丰元年八月十九日《致澄弟温弟沅弟季弟》

注释

1 《**小学**》：朱熹编的蒙学课本。

2 《**五种遗规**》：书名。清代陈宏谋编的养正、教女、训俗、从政、在官五种遗规的合称。

019. 读书应具有广大气度

曾国藩在这封家信中启迪儿子：读书必须具备广大的气度。如何才“具备广大的气度”呢？只有志趣高坚，才可以变柔弱为刚强；只有襟怀闲适，才可以化刻薄为淳厚。这种把读书与做人紧密联系在一起的思想教育方法，时至今日仍可借鉴，吸取其合理的成分。

原文

尔禀气太清。清则易柔，惟志趣高坚，则可变柔为刚；清则易刻[1]，惟襟怀[2]闲远，则可化刻为厚。余字汝曰劼刚[3]，恐其稍涉柔弱也。教汝读书须具大量，看陆诗[4]以导闲适之抱，恐其稍涉刻薄也。尔天性淡于荣利，再从此二事用功，则终身受用不尽矣。同治六年三月二十八日《谕纪泽》

注释

1 **刻**：不厚道。

2 **襟怀**：胸怀。

3 **劼刚**：曾纪泽的字。

4 **陆诗**：宋代文学家陆游的诗。

020. 读书务必求个明白

曾国藩毕生读书既讲求方法，更讲求实效。因此他在这封家书中启迪儿子，如真要学点东西，就不要读“死书”，不能生吞活剥，不求甚解；而应当好好读个明白，从而领略个中滋味。这既是曾国藩总结前人经验的体会，更是他自己读书的经验之谈。

原文

尔读书记性平常，此不足虑。所虑者第一怕无恒，第二怕随笔点过一遍，并未看得明白。此却是大病[1]。若实看明白了，久之必得些滋味，寸心[2]若有怡悦之境，则自略记得矣。尔不必求记，却宜求个明白。咸丰九年六月十四日《谕纪泽》

注释

1 **病**：缺点；毛病。

2 **寸心**：此处指心中。

021. 读书可以变化人的气质

此篇写作宗旨是曾国藩针对儿子气质单薄，提出用立志读书的方法，以达到“金丹换骨”的目的。全篇采取现身说法，言传身教，指导具体而得法，时至今日仍有其借鉴意义。

原文

人之气质，由于天生，本难改变，惟读书则可变化气质。古之精相法者，并言读书可以变换骨相。欲求变之之法，总须先立坚卓之志。即以余生平言之，三十岁前最好吃烟，片刻不离，至道光壬寅十一月二十一日立志戒烟，至今不再吃。四十六岁以前作事无恒，近五年深以为戒，现在大小事均尚有恒。即此二端，可见无事不可变也。尔于厚重二字，须立志变改。古称金丹换骨，余谓立志即丹也。同治元年四月二十四日《谕纪泽纪鸿》

022. 学做高邮王氏那样的学问大家

曾国藩在这封家信中，一方面自称“最好高邮王氏之学”，然而因“学问无成，有愧王文肃公远甚”；另一方面又勉励儿子胸怀大志，勤奋于学，做一个像王念孙那样的大学问家。可见，他对儿子的了解，对儿子的信任，对儿子寄予的厚望，远不是一般为人父者所能比拟的。

原文

余于本朝大儒，自顾亭林[1]之外，最好高邮王氏之学[2]。王安国以鼎甲[3]官至尚书，谥文肃，正色立朝。生怀祖[4]先生，念孙经学精卓。生王引之，复以鼎甲官尚书，谥文简。三代皆好学深思。……余自憾学问无成，有愧王文肃公远甚，而望尔辈为怀祖先生，为伯申氏[5]，则梦寐之际，未尝须臾忘也。怀祖先生所著《广雅疏证》《读书杂志》，家中无之。伯申氏所著《经义述闻》《经传释词》，《皇清经解》内有之。尔可试取一阅。……本朝穷经者，皆精小学，大约不出段[6]、王两家之范围耳。咸丰八年十二月三十日《谕纪泽》

注释

1 **顾亭林**：即明清之际的顾炎武，字亭林。

2 **高邮王氏之学**：指清前期江苏高邮地区王安国、王念孙、王引之祖孙三代精于经学，故世称高邮王氏之学。

3 **鼎甲**：科举考试中殿试名列一甲的三人，即状元、榜眼、探花的总称。

4 **怀祖**：即王念孙。怀祖是他的字。

5 **伯申氏**：指王引之。伯申是他的字。

6 **段**：指段玉裁，通经学，尤精小学。

023. 不要把文章看得太重

曾国藩认为，文章虽然是千古之事，但要流芳百世，或者说要让天下后世之人记住自己、认识自己，关键还是要多干实事。这一观点至今仍有启迪意义。

原文

至于有文一篇，便使天下后世知某某为小人云云，则未免视文太重，而视天下后世太轻。此室所论之是非，易一室而彼不以为然，易一邑[1]而其说更变矣。此乡所服之贤士，易一乡而彼不以为然，易一府[2]而屡变不一变矣。况天下乎？况后世乎？同治五年六月十二日《致沅弟》

注释

1 **邑**：县的别称。

2 **府**：旧时行政区划名，历代各不相同。清代，省以下以府领州，州领县。

024. 进德、修业二者不可或缺

曾国藩在篇中强调，一个人功名利禄的取得，关键在于平时加强自身的修养，一切靠自己的奋斗，绝不要急功近利。这一观点是有道理的，唯其宣扬天命论，某些地方表现出的唯心色彩相当突出，这又是需要读者加以鉴别的。

原文

吾人只有进德、修业两事靠得住。进德，则孝弟仁义是也；修业，则诗文作字是也。此二者由我作主，得尺则我之尺也，得寸则我之寸也。今日进一分德，便算积了一升谷；明日修一分业，又算余了一文钱。德业并增，则家私日起。至于功名富贵，悉由命定，丝毫不能自主。昔某官有一门生为本省学政，托以两孙当面拜为门生。后其两孙岁考[1]临场大病，科考丁艰[2]，竟不入学。数年后两孙乃皆入，其长者仍得两榜。此可见早迟之际，时刻皆有前定。尽其在我，听其在天，万不可稍生妄想。六弟天分较诸弟更高，今年受黜，未免愤怨。然及

此正可困心横虑[3]，大加卧薪尝胆之功，切不可因愤废学。道光二十四年八月二十九日《致澄弟温弟沅弟季弟》

注释

1 **岁考**：明代提学官和清代学政为所属府州县学员举行的考试。

2 **丁艰**：旧时称遭父母之丧为丁艰。

3 **困心横虑**：尽心竭虑，经过痛苦的思考。

025. 不可积钱买田而应努力读书

曾国藩凭着自己的经验阅历懂得读书是最重要的，而银钱田产则最易长骄气逸气。因此，他在这封家信中肯定两个儿子的成绩并指出他们的不足之后，又谆谆告诫家里“断不可积钱，断不可买田”，勉励儿子“安贫乐道”“努力读书”，不能不说是用心良苦。

原文

泽儿看书天分高，而文笔不甚劲挺，又说话太易，举止太轻，此次在祁门为日过浅[1]，未将一轻字之弊除尽，以后须于说话走路时刻刻留心。鸿儿文笔劲健，可慰可喜。此次连珠文[2]，先生改者若干字？拟体[3]系何人主意？再行详禀告我。银钱、田产最易长骄气逸气，我家中断不可积钱，断不可买田，尔兄弟努力读书，决不怕没饭吃。至嘱。咸丰十年十月十六日《谕纪泽纪鸿》

注释

1 **为日**：相当于“度过的日子”。 **浅**：指时间短暂。

2 **连珠文**：一种文体，通常用前一句的结尾做后一句的开头，使邻接句子递承紧凑，即采用顶针、回文的手法，实际上是一种文字游戏。

3 **体**：指文体格局。

026. 教子侄读书首应教之以自省自立

曾国藩认为，教子侄读书，眼睛不能只盯在几本重要的经书上，尤应着眼于日后之“自读自思”“自省”“自立”。读书说理为“有言之教”，以身垂范为“不言之教”。曾国藩对中国古代传统的教育方法作了切合实际的阐发。

原文

纪泽儿读书记性平常，读书不必求熟，且将《左传》[1]《礼记》[2]于今秋点毕，以后听儿之自读自思。成败勤惰，儿当自省而图自立焉。吾与诸弟惟思以身垂范而教子侄，不在诲言之谆谆也。咸丰五年三月二十六日《致澄弟温弟沅弟季弟》

注释

1 **《左传》**：又名《左氏春秋》，中国第一部记事详备之编年史，又是一部富于文学价值之散文名著，相传为春秋时鲁国史官左丘明作。被儒家视为“十三经”之一。

2 **《礼记》**：“三礼”之一，相传为孔子弟子几代人辑录而成，成书于东汉中期。因其集中宣扬儒家礼治，为历代王朝所重视。

027. 教子侄辈须勤读经史

曾国藩在这里特别嘱咐在家乡主持“耕读”事务的弟弟曾国潢，

要他告诫子侄辈应当勤读、速读经史方面的书籍，打下应付科考的基础。并且不要耽搁间断，不要因求熟而放弃。这一点与他主张的读书应当专一史、一经的观点是相辅相成的。

原文

纪泽看《汉书》[1]，须以勤敏行之。每日至少亦须看二十叶[2]，不必惑于在精不在多之说。今日半页，明日数页，又明日耽阁间断，或数年而不能毕一部。如煮饭然，歇火则冷，小火则不熟，须用大柴大火乃易成也。甲五经书已读毕否？须速点速读，不必一一求熟。恐因求熟之一字，而终身未能读完经书。吾乡子弟未读完经书者甚多，此后当力戒之。诸外甥如未读毕经书，当速补之。至嘱至嘱。咸丰六年十一月二十九日《致澄弟》

注释

1 **《汉书》**：东汉班固撰，共一百卷。后人又析出子卷，为一百二十卷。起西汉高祖元年（前206），讫新朝王莽地皇四年（23），记西汉一代229年史事。

2 **叶**：同“页”。

028. 读书应注意广泛涉猎

曾国藩向来主张为学必须专精一业、专攻一学，他自己就说过“穷经必专一经，不可泛骛”。但是他更主张在精读的基础上一定要广泛涉猎，做到精读和泛读相统一。只有这样，才能开阔视野，才能增加见解，才能扩大知识。曾国藩在这封家信中提出的这种精读结合泛读、开阔视野的主张，对于今天的“读书人”来说，是应该借鉴和吸取的。

原文

闻儿经书将次读毕，差用少慰[1]。自《五经》[2]外，《周礼》《仪礼》《尔雅》《孝经》《公羊》《穀梁》六书自古列之于经，所谓十三经[3]也。此六经宜请塾师口授一遍。尔记性平常，不必求熟。十三经外所最宜熟读者莫如《史记》《汉书》《庄子》韩文[4]四种。余生平好此四书，嗜[5]之成癖，恨未能一一诂释笺疏，穷力讨治。自此四种而外，又如《文选》[6]《通典》[7]《说文》[8]《孙武子》[9]《方舆纪要》[10]、近人姚姬传[11]所辑《古文辞类纂》、余所抄十八家诗，此七书者，亦余嗜好之次也。凡[12]十一种，吾以配之《五经》《四书》之后，而《周礼》等六经者，或反不知笃好[13]，盖未尝致力于其间，而人之性情各有所近焉尔。吾儿既读《五经》《四书》，即当将此十一书寻究一番，纵不能讲习贯通，亦当思涉猎其大略，则见解日开矣。咸丰八年九月二十八日《谕纪泽》

注释

1 **差用少慰**：指因此而稍感欣慰。

2 **《五经》**：书名。指《诗经》《尚书》《礼记》《周易》《春秋》五部儒家经典。

3 **十三经**：指《诗经》《尚书》《周易》《论语》《孟子》《周礼》《仪礼》《礼记》《左传》《公羊传》《穀梁传》《尔雅》《孝经》，共十三部儒家经典。

4 **韩文**：即唐代《韩愈文集》，又称《韩昌黎集》。

5 **嗜**（shì）：特别爱好。

6 **《文选》**：书名。又称《昭明文选》，南朝萧统选编。

7 **《通典》**：书名。唐杜佑撰。

8 **《说文》**：书名。文字学著作。东汉许慎著。

9 **《孙武子》**：书名。亦称《孙子兵法》。春秋孙武撰。

10 **《方舆纪要》**：书名。即清初学者顾祖禹所撰《读史方舆纪要》。

11 **姚姬传**：即清代学者姚鼐，古文文学家，编有《古文辞类纂》。

12 **凡**：总共。

13 **笃好**：十分爱好；很爱好。

029. 读书须做到“虚心涵泳”和“切己体察”

曾国藩在家信中启迪儿子，要想读书真有心得，真见成效，一定要做到潜心探求其深刻内蕴，即所谓“虚心涵泳”；一定要做到设身处地去体验一番，亦即所谓“切己体察”。同时，他又严肃指出儿子读书“易于解说文义，却不甚能深入”，勉励他们就朱熹说的“涵泳”“体察”这两句话去尽心地探求一番。曾国藩所倡导的这种教子读书的方法，仍然是值得我们今天做父母的和潜心于读书学习的年轻人效仿和借鉴的。

原文

汝读《四书》无甚心得，由不能虚心涵泳[1]，切己体察[2]。朱子[3]教人读书之法，此二语最为精当。尔现读《离娄》[4]，即如《离娄》首章“上无道揆，下无法守”[5]，吾往年读之，亦无甚警惕。近岁在外办事，乃知上之人必揆诸道，下之人必守乎法。若人人以道揆自许，从心而不从法，则下凌上矣。“爱人不亲”章，往年读之，不甚亲切。近岁阅历日久，乃知治人不治者，智不足也。此切己体察之一端也。涵泳二字，最不易识，余尝以意测之。曰：涵者，如春雨之润花，如清渠之溉稻。雨之润花，过小则难透，过大则离披[6]，适中则涵濡而滋液[7]；清渠之溉稻，过小则枯槁[8]，过多则伤涝[9]，适中则涵养而浡兴[10]。泳者，如鱼之游水，如人之濯足[11]。程子谓鱼跃于渊，活泼泼地；庄子言濠梁[12]观鱼，安知非乐？此鱼水之快也。左太冲有“濯足万里流”之句[13]，苏子瞻[14]有夜卧濯足诗，有浴罢诗，亦人性乐水者之一快也。善读书者，须视书如水，而视此心如花如稻如鱼如濯足，则涵泳二字，庶可得之于意言之表。尔读书易于解说文义，却不甚能深入，可就朱子涵泳体察二语悉心求之。咸丰八年八月初三日《谕纪泽》

注释

1 **涵泳**：原指潜游，这里指深入领会。

2 **切己体察**：切身体验。

3 **朱子**：指宋代理学家朱熹。

4 **《离娄》**：《孟子》中之一章。

5 **“上无道揆（kuí），下无法守”**：上层统治者没有建立和掌握好一定的思想政治体系，下层平民百姓就没有法制可以遵循。揆，在这里是掌握、管理的意思。

6 **离披**：凋敝。

7 **涵濡（rú）**：浸润；滋润。**滋液**：渗透。

8 **枯槁（gǎo）**：干枯。

9 **伤涝**：庄稼被淹。

10 **浡（bó）兴**：振作；兴起；生机勃发。

11 **濯（zhuó）足**：洗脚。

12 **濠梁**：濠水上的桥。

13 **左太冲**：即左思，西晋文学家。**濯足万里流**：其意是说在河里洗脚，任凭河水从脚上流向远方。

14 **苏子瞻**：即北宋文学家苏轼。

030. 看书不可不加选择

曾国藩凭着自己的经验阅历，并借鉴前人的经验，系统而详尽地教导儿子读书应采取泛读和精读相结合的方法，即：读书不应无的放矢，而是应该通过泛读之后选择自己所喜欢的、有价值的书去深读熟读，以领会大经大义。这种学习方法，体现了他注重实学的精神。

原文

本朝善读古书者，余最好高邮王氏父子，曾为尔屡言之矣。今观怀祖[1]先生《读书杂志》中所考订之书：曰《逸周书》、曰《战国策》、曰《史记》、曰《汉书》、曰《管子》、曰《晏子》、曰《墨子》、曰《荀子》、曰《淮南子》、曰《后汉书》、曰《老》《庄》、曰《吕氏春秋》、曰《韩非子》、曰《杨子》[2]、曰《楚辞》、曰《文选》，凡十六种。又别著《广雅疏证》一种。伯申先生《经义述闻》[3]中所考订之书：曰《易》、曰《书》、曰《诗》、曰《周官》、曰《仪礼》、曰《大戴礼》、曰《礼记》、曰《左传》、曰《国语》、曰《公羊》、曰《穀梁》、曰《尔雅》，凡十二种。王氏父子之博，古今所罕，然亦不满三十种也。

余于《四书》《五经》之外，最好《史记》《汉书》《庄子》韩文四种，好之十余年，惜不能熟读精考[4]。又好《通鉴》《文选》及姚惜抱所选《古文辞类纂》、余所选《十八家诗抄》四种，共不过十余种。早岁笃志为学，恒思将此十余书贯串精通，略作札记，仿顾亭林、王怀祖之法。今年齿衰老，时事日艰，所志不克成就，中夜思之，每用愧悔。泽儿若能成吾之志，将《四书》《五经》及余所好之八种一一熟读而深思之，略作札记，以志所得，以著所疑，则余欢欣快慰，夜得甘寝，此外别无所求矣。咸丰九年四月二十一日《谕纪泽》

注释

1 **怀祖**：即清代学者王念孙，通经，尤精于文字训诂之学。

2 **《杨子》**：杨朱，战国时魏人。其学说主张重在爱己，不拔一毛以利天下，与墨子的“兼爱”主张恰恰相反。同时被当时儒家斥为异端。

3 **《经义述闻》**：王念孙之子王引之撰。

4 **考**：推究；研讨。

031. 坚持“看、读、写、作”四法

曾国藩在信中既启迪儿子关于读书之法，看、读、写、作四者缺

一不可，必须统筹兼顾；同时又详细而系统地告诉儿子看、读、写、作四个方面的区别和联系。曾国藩所总结概括的“读书四法”，对于今天的父母指导儿女读书学习，或者对于今天的青少年本身的读书学习，仍然有着积极的借鉴意义。

原文

读书之法，看、读、写、作，四者每日不可缺一。看者，如尔去年看《史记》《汉书》韩文《近思录》，今年看《周易折中》之类是也。读者，如《四书》《诗》《书》《易经》《左传》诸经、《昭明文选》、李杜韩苏之诗、韩欧曾王之文，非高声朗诵则不能得其雄伟之概，非密咏恬吟[1]则不能探其深远之韵。譬之富家居积，看书则在外贸易，获利三倍者也，读书则在家慎守，不轻花费者也；譬之兵家战争，看书则攻城略地，开拓土宇者也，读书则深沟坚垒，得地能守者也。看书如子夏之“日知所亡”相近[2]，读书与“无忘所能”[3]相近，二者不可偏废。至于写字，真行篆隶[4]，尔颇好之，切不可间断一日。既要求好，又要求快。余生平因作字迟钝，吃亏不少。尔须力求敏捷，每日能作楷书一万则几矣。至于作诸文，亦宜在二三十岁立定规模；过三十后，则长进极难。作四书文，作试帖诗[5]，作律赋，作古今体诗，作古文，作骈体文[6]，数者不可不一一讲求，一一试为之。少年不可怕丑，须有狂者进取之趣，过时不试为之，则后此弥[7]不肯为矣。咸丰八年七月二十一日《谕纪泽》

注释

1 **密咏恬吟**：相当于“轻声细语的吟咏”，同高声朗诵相对而言。

2 **子夏**：春秋时期晋国人，孔子的学生。 **日知所亡**：即是说每天都懂得一些自己原来所不知道的。亡作“无”解。

3 **无忘所能**：其意是说不忘记自己已经理解掌握的。

4 **真行篆隶**：分别指正楷、行书、小篆、隶书四种书体。

5 **试帖诗**：兴起于唐代的一种诗体，也称“赋得体”，为科举考试所采用。发展到清代，格式限制尤为严格。

6 **骈体文**：盛行于魏晋南北朝的一种文体。要求词句整齐对偶，重视声韵的和谐与辞藻的华丽。

7 **弥**：愈加；越发。

032. 治经、作赋、练字均须讲究

曾国藩在这封家信中启迪儿子如何研究经学、如何作札记、如何学作赋、如何练书法。其分析具体细致，其指导切实中肯。其心之殷勤，希望子弟成才的拳拳之心，跃然纸上，溢于言表。

原文

尔治经[1]之时，无论看注疏，看宋传[2]，总宜虚心求之。其惬意者，则以朱笔识出；其怀疑者，则以另册写一小条，或多为辨论，或仅着数字，将来疑者渐晰，又记于此条之下，久久渐成卷帙[3]，则自然日进。……尔若学赋，可于每三、八日作一篇大赋，或数千字，小赋或仅数十字，或对或不对，均无不可。……尔字姿于草书尤相宜，以后专习真草二种，篆隶置之可也。四体并习，恐将来不能一工[4]。咸丰八年十月二十五日《谕纪泽》

注释

1 **治经**：研究经学。

2 **宋传**：宋人解说经义的文字。

3 **卷帙**：书籍；篇章。

4 **工**：精巧；擅长。

033. 读《汉书》之道

曾国藩在这封信里教导儿子读《汉书》，既指出其必须首先“通小学”“明训诂”，又指出其必须事先学习古文辞章之学，还指出其必须略看哪些有关的书籍。也就是在打好基础读《汉书》时，又耐心细致、不厌其烦地告诉儿子先读哪些，后读哪些，怎样才能真正读懂。真正做到了循循善诱、诲人不倦。

曾国藩教子读书，不仅仅是教儿子有一个好的读书态度，还教儿子有一个好的读书方法。今天为人父母者，在指导自己儿女读书时，也可以从这里得到一些借鉴和启发。

原文

看《汉书》有两种难处，必先通于小学、训诂之书[1]，而后能识其假借奇字；必先习于古文辞章之学，而后能读其奇篇奥句。尔于小学、古文两者皆未曾入门，则《汉书》中不能识之字、不能解之句多矣。欲通小学，须略看段氏《说文》《经籍纂诂》[2]二书。王怀祖先生有《读书杂志》，中于《汉书》之训诂极为精博，为魏晋以来释《汉书》者所不能及。欲明古文，须略看《文选》及姚姬传之《古文辞类纂》二书。班孟坚[3]最好文章，故于贾谊、董仲舒、司马相如、东方朔、司马迁、扬雄、刘向、匡衡、谷永诸传皆全录其著作[4]；即不以文章名家者，如贾山、邹阳等四人传[5]，严助、朱买臣等九人传[6]，赵充国[7]屯田之奏，韦元成[8]议礼之疏以及贡禹之章、陈汤之奏狱[9]，皆以好文之故，悉载巨篇[10]。如贾生[11]之文，既著于本传，复载于《陈涉传》《食货志》等篇；子云[12]之文，既著于本传，复载于《匈奴传》《王贡传》等篇，极之《充国赞》《酒箴》，亦皆录入各传。盖孟坚于典雅瑰玮[13]之文，无一字不甄采[14]。尔将十二帝纪阅毕后，且先读列传。凡文之为昭明暨姚氏所选者[15]，则细心读之；即不为二家所选，则另行标识之。若小学、古文二端略得途径，其于读《汉书》之道思过半矣。咸丰六年十一月初五日《谕纪泽》

注释

1 **小学**：指研究文字、训诂、音韵的学问。 **训诂**：对古书字句的解释，此处指研究这方面的学问。

2 **段氏《说文》《经籍纂诂》**：指清代文字训诂家段玉裁的《说文解字注》和阮元等人的《经籍纂诂》。

3 **班孟坚**：即班固，东汉史学家、文学家，《汉书》的作者。

4 **匡衡**：西汉末年人，曾任汉元帝丞相。以文知名。 **谷永**：西汉末年人，汉成帝时任光禄大夫、司农。以文知名。

5 **贾山**：西汉前期人。曾上书汉文帝，言治乱之道，借秦为喻，名曰《至言》。以文知名。 **邹阳**：西汉前期人。以文知名。

6 **严助**：西汉中期人。汉武帝时任中大夫。淮南王刘安谋反，因受牵连而被杀。以文知名。 **朱买臣**：西汉中期人。汉武帝时任中大夫侍中，后又任会稽太守。因与张汤相倾轧，为汉武帝所杀。以文知名。

7 **赵充国**：西汉中期人。汉武帝时，以破匈奴功，授予中郎将。汉宣帝时，以定册功封营平侯。曾上书言屯田"十二便"，寓兵于农，颇有利于地方的安定和开发。

8 **韦元成**：即韦玄成。西汉后期人。汉元帝时官至丞相。明经好学，以文知名。

9 **贡禹**：西汉后期人。汉元帝时官至御史大夫。以文知名。 **陈汤**：西汉后期人。以文知名。

10 **巨篇**：指篇幅长或内容精深的文章与书稿。

11 **贾生**：指西汉政论家、文学家贾谊。时称贾生。

12 **子云**：指西汉后期辞赋家、古文字学家扬雄。扬雄字子云。

13 **瑰玮**：指文辞华丽。

14 **甄**（zhēn）**采**：辨别、鉴赏文采。

15 **暨**（jì）：与；及。 **姚氏**：即姚鼐。

034. 读《文选》以医“笔下枯涩之弊”

曾国藩在这封信中启迪儿子读《文选》时，既讲清了读《文选》的重要性，又说明自己熟读过此书教起来很方便；在勉励儿子练习作八股文时，既告诉他长辈们对他寄予殷切希望，又指出曾家子弟文章作得不太像样惹人笑话。同时，又规定儿子读《文选》的时间和每月作八股文的篇数。曾国藩对儿子如此关心备至、体贴入微、指导中肯，所以收效也就十分显著。

原文

尔明春将胡刻《文选》细看一遍，一则含英咀华[1]，可医尔笔下枯涩之弊；一则吾熟读此书，可常常教尔也。沅叔及寅皆先生望尔作四书文，极为勤恳。余念尔庚申、辛酉下两科场[2]，文章亦不可太丑，惹人笑话。尔自明年正月起，每月作四书文三篇，俱由家信内封寄营中。

咸丰八年十二月二十三日《谕纪泽》

注释

1 **含英咀华**：指欣赏、玩味诗文的精华。

2 **庚申**：即 1860 年。 **辛酉**：即 1861 年。 **下两科场**：指两科场落榜。

035. 教子侄读书不要“蛮读蛮记蛮温”

熟读常温，是一般的读书方法。但曾国藩认为各人天赋不同，情况不一，不能强求一律。一味地死记硬背，以至提出一些不切实际的要求，反不如顺其自然，从容做去，读一点是一点，久久自然有益。

原文

纪泽儿读书记性不好，悟性较佳。若令其句句读熟，或责其不可再生[1]，则愈读愈蠢，将来仍不能读完经书也。请子植[2]弟将泽儿未读之经，每日点五六百字教一遍，解一遍，令其读十遍而已，不必能背诵也，不必常温习也。待其草草点完之后，将来看经解，亦可求熟。若蛮读蛮记蛮温，断不能久熟，徒耗日工而已。诸弟必以兄言为不然。吾阅历甚多，问之朋友，皆以为然。植弟教泽儿即草草一读可也。咸丰五年二月二十九日《致澄弟温弟沅弟季弟》

注释

1 **生**：生疏；遗忘。

2 **子植**：曾国藩第三个弟弟曾国荃，字沅甫，别名子植，号叔纯。

036. 应拼命用力于奏议文章

以当年攻城拔寨之勇来勉励自家兄弟用力于奏议文章，言近意远，发人深省。这一则表明曾国藩对弟弟的成长用心良苦。

原文

弟以不能文为深耻，无以怔忡[1]体弱，过于自恕自逸[2]。如元年八九月雨花台之役[3]，弟昼夜不眠至五十余日之久。三年[4]四、五、六月，弟忧劳更甚，为日更久。岂当时体气忽健，异于生平乎哉？因众人藐视沅甫非能克金陵之人，发愤欲一雪其耻而伸其志，故忘其为积弱之躯[5]也。目下用力于奏议文章，亦当稍存昔年拼命之意。同治四年三月初七

日《致澄弟沅弟》

注释

1 **怔忡**（zhēng chōng）：心悸；心跳过剧。

2 **恕**：宽恕；原谅。 **逸**：放纵；放荡。

3 **雨花台之役**：指同治元年（1862）曾国荃任江苏布政使时，率湘军扎营雨花台，围困太平天国首都天京（今南京）的战役。

4 **三年**：即同治三年（1864）。经过几个月的攻打，曾国荃率湘军攻陷天京，太平天国革命最后失败。

5 **积弱之躯**：积久而虚弱的身躯，言身体欠佳。

037. 目录分类很有学问

要使学业有所成就，非掌握目录分类学知识不可，曾国藩是深知其重要性的。故不仅自己掌握了目录分类之法，而且还向儿子传授目录分类学知识，教其摘抄语词、编纂类书，耳提面命地帮助后辈掌握。

原文

目录分类，非一言可尽。大抵有一种学问，即有一种分类之法；有一人嗜好，即有一人摘钞之法。若从本原论之，当以《尔雅》为分类之最古者。天之星辰，地之山川，鸟兽草木，皆古圣贤人辨其品汇[1]，命之以名。《书》所称大禹主名山川，《礼》所称黄帝正名百物是也。物必先有名，而后有是字，故必知命名之原，乃知文字之原。舟车、弓矢、俎豆、钟鼓日用之具，皆先王制器以利民用，必先有器而后有是字，故又必知制器之原，乃知文字之原。君臣、上下、礼乐、兵刑、赏罚之法，皆先王立事以经纶天下。或先有事而后有字，或先有字而后有事，故又必知万事之本，而后知文字之原。咸丰十一年九月初四日《谕纪泽》

注释

1 **品汇**：万物的品种类别。

038. 宜从古文上用功夫

曾国藩在这封书信中，就湘乡修县志的主编一事答复儿子：一方面，“尔学未成，就文甚迟钝”，要谦虚点，不宜任主编（纂修）；另一方面，这是“通县公事，吾家为物望所归，不得不竭力赞助”，加之“正可借此逼出几篇（文章来）”，因此可担任副主编（协修）。这种指导很得体，很有分寸。

原文

湘乡修县志，举尔纂修[1]。尔学未成，就文甚迟钝，自不宜承认，然亦不可全辞。一则通县公事，吾家为物望[2]所归，不得不竭力赞助；二则尔惮[3]于作文，正可借此逼出几篇。天下事无所为而成者极少，有所贪有所利而成者居其半，有所激有所逼而成者居其半。尔篆韵[4]抄毕，宜从古文上用功。余不能文，而微有文名，深以为耻，尔文更浅而亦获虚名，尤不可也。或请本县及外县之高手为撰修，而尔为协修。

同治五年六月十六日《谕纪泽纪鸿》

注释

1 **纂修**：编书籍的主编。

2 **物望**：众望；人望。

3 **惮**（dàn）：畏惧。

4 **篆**：篆字书法。 **韵**：诗赋辞曲。

039. 行气为文章第一义

曾国藩此篇写作宗旨是教导儿子写文章要善于使用气韵，特别是要学习司马相如、扬雄、韩愈等名家文章中跌宕、倔强的气韵。

原文

尔所作拟庄三首，能识名理，兼通训诂，慰甚慰甚。余近年颇识古人文章门径，而在军鲜暇，未尝偶作，一吐胸中之奇。尔若能解《汉书》之训诂，参以《庄子》之诙诡，则余愿偿矣。至行气为文章第一义，卿、云之跌宕[1]，昌黎[2]之倔强，尤为行气不易之法。尔宜先于韩公倔强处揣摩一番。同治元年八月初四日《谕纪泽》

注释

1 **卿、云之跌宕**：是指做文章要像司马相如（字长卿）、扬雄（字子云）的文章那样有顿挫波折。

2 **昌黎**：即韩愈。韩愈字退之，自谓郡望昌黎，世称“韩昌黎”。

040. 行之以恒就会有持续不断的进步

曾国藩在这封家书中，特别强调“人生唯有恒心为第一美德”，进而指出“年无分老少，事无分难易”，只要行之以恒，就会有持续不断的进步。紧接着在分析儿子有三大短处的同时，勉励儿子“进之以猛，持之以恒”，不过一二年，自然会有比较大的进步。这种把有无恒心看作是学习有无成就的关键的教子方法，无疑是正确的。

原文

尔累月奔驰酬应，犹能不失常课，当可日进无已。人生惟有常[1]是第一美德。余早年于作字一道，亦尝苦思力索，终无所成。近日朝朝摹写，久不间断，遂觉月异而岁不同。可见年无分老少，事无分难易，但行之有恒，自如种树畜养，日见其大而不觉耳。尔之短处在言语欠钝讷[2]，举止欠端重，看书能深入而作文不能峥嵘[3]。若能从此三事上下一番苦工，进之以猛，持之以恒，不过一二年，自尔精进而不觉。言语迟钝，举止端重，则德进矣。作文有峥嵘雄快之气，则业进矣。尔前作诗，差有端绪[4]，近亦常作否？李、杜、韩、苏四家之七古，惊心动魄，曾涉猎及之否？同治元年四月初四日《谕纪泽》

注释

1 **有常**：有恒。

2 **钝讷**：语言直白简朴。

3 **峥嵘**：高峻。比喻超越寻常。

4 **差**：略微。 **端绪**：头绪。

041. 文章贵在行气

曾国藩指导儿子作文，其实并不只是讲求下笔造句的“珠圆玉润”，还注重“行气”，尤其是作“雄奇”文章，“精处在行气”，“粗处全在造句选字”。用今天的话说，也就是要在文章中倾注自己的思想感情，同时巧为立意，精为构思，然后注意遣词造句，体现出一种贯通首尾的“气”来。这种作文之道，无疑是非常可取的。

原文

尔问文中雄奇之道。雄奇以行气[1]为上，造句次之，选字又次之。然未有字不古雅而句能古雅，句不古雅而气能古雅者；亦未有字不雄奇而句能雄奇，句不雄奇而气能雄奇者。是文章之雄奇，其精处在行气，其粗处全在造句选字也。余好古人雄奇之文，以昌黎为第一，扬子云次之。二公之行气，本之天授。至于人事之精能，昌黎则造句之工夫居多，子云则选字之工夫居多。

尔问叙事志传[2]之文难于行气，是殊[3]不然。如昌黎《曹成王碑》《韩许公碑》，固属千奇万变，不可方物[4]，即卢夫人之铭、女挐之志，寥寥短篇，亦复雄奇崛强。尔试将此四篇熟看，则知二大二小，各极其妙矣。

尔所作《雪赋》，词意颇古雅，惟气势不鬯[5]，对仗不工。两汉不尚对仗，潘、陆[6]则对矣，江、鲍、庾、徐[7]则工对矣。尔宜从对仗上用工夫。此嘱。咸丰十一年正月初四日《谕纪泽》

注释

1 **行气**：行文的气势。

2 **志传**：两种记叙性文体，“志”在于记事，“传”在于记人。

3 **殊**：极；很。

4 **方物**：比拟、描绘某一具体事物。

5 **鬯**：同“畅”。

6 **潘、陆**：指西晋诗人潘岳、陆机。

7 **江、鲍、庾、徐**：指江淹、鲍照、庾信、徐陵。

042. 学作文应循序渐进

曾国藩在这篇家书中，既引导儿子如何写诗作文，即“从词章上用功”；又替儿子指出了用功的方法，即在细读《文选》的同时，“手钞及摹仿二者皆不可少”。这种指导儿子的方法，时至今日也是值得借鉴的。

原文

尔《说文》将看毕，拟先看各经注疏，再从事于词章之之学。

余观汉人词章，未有不精于小学训诂者，如相如、子云、孟坚[1]于小学皆专著一书，《文选》于此三人之文著录最多。余于古文，志在效法此三人，并司马迁、韩愈五家。以此五家之文，精于小学训诂，不妄下一字也。尔于小学，既粗有所见，正好从词章上用功。《说文》看毕之后，可将《文选》细读一过。一面细读，一面钞记，一面作文，以仿效之。凡奇僻之字，雅故之训，不手钞则不能记，不摹仿则不惯用。自宋以后能文章者不通小学，国朝诸儒通小学者又不能文章，余早岁窥此门径，因人事太繁，又久历戎行，不克卒业，至今用为疚憾。尔之天分，长于看书，短于作文。此道太短，则于古书之用意行气，必不能看得谛当。目下宜从短处下功夫，专肆力于《文选》，手钞及摹仿二者皆不可少。待文笔稍有长进，则以后诂经读史，事事易于着手矣。同治元年五月十四日《谕纪泽》

注释

1 **相如：**指西汉辞赋家司马相如。著有字书《凡将篇》，已佚。清马国翰《玉函山房辑佚书》有辑本。 **子云：**西汉文学家、哲学家、语言学家扬雄。著有字书《训纂篇》，已佚。清马国翰《玉函山房辑佚书》有辑本。另著有方言训诂学著作《方言》。 **孟坚：**东汉史学家、文学家班固。

043. 以精确之训诂作古茂之文章

曾国藩此篇是与儿子重点讨论训诂源流，以实现自己因故未能实现的“以戴、钱、段、王之训诂，发为班、张、左、郭之文章”的心愿，使儿辈也能“以精确之训诂，作古茂之文章”。同时，根据儿子读书多而背诵少的弱点，勉励其熟读《文选》中的惬意文章，“以能背诵为断”。

原文

尔于小学训诂颇识古人源流，而文章又窥见汉魏六朝之门径，欣慰无已。余尝怪国朝大儒如戴东原、钱辛楣、段懋堂、王怀祖[1]诸老，其小学训诂实能超越近古，直逼汉唐，而文章不能追寻古人深处，达于本而阂于末，知其一而昧其二，颇所不解。私窃有志，欲以戴、钱、段、王之训诂，发为班、张、左、郭[2]之文章晋人左思、郭璞小学最深，文章亦逼两汉，潘、陆[3]不及也。久事戎行，斯愿莫遂，若尔曹能成我未竟之志，则至乐莫大乎是，即日当批改付归。尔既得此津筏[4]，以后便当专心壹志，以精确之训诂，作古茂之文章。由班、张、左、郭上而扬、马而《庄》《骚》而《六经》，靡不息息相通，下而潘、陆而任、沈[5]而江、鲍、徐、庾[6]，则词愈杂，气愈薄，而训诂之道衰矣。至韩昌黎出，乃由班、张、扬、马而上跻《六经》，其训诂亦甚精当。尔试观《南海神庙碑》《送郑尚书序》诸篇，则知韩文实与汉赋相近。又观《祭张署文》《平淮西碑》诸篇，则知韩文实与《诗经》相近。近世学韩文者，皆不知其与扬、马、班、张一鼻孔出气。尔能参透此中消息，则几矣[7]。

尔阅看书籍颇多，然成诵者太少，亦是一短。嗣后宜将《文选》最惬意者熟读，以能背诵为断……同治二年三月初四日《谕纪泽》

注释

1 **戴东原、钱辛楣、段懋堂、王怀祖：**分别指清代著名学者戴震、钱大昕（号辛楣）、段玉裁（号懋堂）、王念孙（号怀祖）。

2 **班、张、左、郭：**分别指东汉史学家班固、西晋文学家张华、西晋文学家左思、东晋学者郭璞。

3 **潘、陆：**指西晋诗人潘岳、陆机。

4 **津筏**：渡人过河的木筏，比喻引导人达到目的的门径。

5 **任、沈**：南朝文学家任昉、沈约。任昉在当时以表、奏、书、启诸体散文擅名，而沈约以诗著称，时人称为“任笔沈诗”。

6 **江、鲍、徐、庾**：分别指南朝文学家江淹、南宋文学家鲍照、南朝陈梁诗人徐陵、南北朝文学家庾信。

7 **几矣**：差不多了；几乎可以了。

044. 少年文字贵在气象峥嵘

曾国藩一贯主张写诗作文要领会气势、识度、情韵、趣味“四象”，其中尤以“气势”更为重要，并指出这四个方面不必兼而有之，也不能兼而有之。因为“凡言兼众长者，皆其一无所长者也”。这是曾国藩自身经验之谈。他在这篇家信中把自己摸索出来的心得体会用讨论的方式指导儿子，自然会收到预期的效果。

原文

泽儿于陶诗[1]之识度不能领会，试取《饮酒》二十首、《拟古》九首、《归田园居》五首、《咏贫士》七首等篇反复读之，若能窥其胸襟之广大，寄托之遥深，则知此公于圣贤豪杰皆已升堂入室。尔能寻其用意深处，下次试解说一二首寄来。

又问有一专长，是否须兼三者乃为合作。此则断断不能。韩无阴柔之美，欧无阳刚之美，况于他人而能兼之？凡言兼众长者，皆其一无所长者也。鸿儿言此表[2]范围曲成，横竖相合，足见善于领会。至于纯熟文字，极力揣摩固属切实工夫，然少年文字，总贵气象峥嵘，东坡所谓蓬蓬勃勃如釜上气。古文如贾谊《治安策》、贾山[3]《至言》、太史公《报任安书》、韩退之《原道》、柳子厚《封建论》、苏东坡《上神宗书》，时文如黄陶庵[4]、吕晚村[5]、袁简斋[6]、曹寅谷[7]，墨卷[8]如

《墨选观止》《乡墨精锐》中所选两排三迭之文，皆有最盛之气势。尔当兼在气势上用功，无徒在揣摩上用功。大约偶句多，单句少，段落多，分股少，莫拘场屋之格式。短或三五百字，长或八九百字千余字，皆无不可。虽系《四书》题，或用后世之史事，或论目今之时务，亦无不可。总须将气势展得开，笔仗使得强，乃不至于束缚拘滞，愈紧愈呆。同治四年七月初三日《谕纪泽纪鸿》

注释

1 **陶诗**：指陶渊明的诗。

2 **此表**：指《四象表》。四象即气势、识度、情韵、趣味。

3 **贾山**：西汉政论家。文帝时，以秦的兴亡为喻，上书言治乱之道，强调纳谏的重要，并以兴礼义为劝，名为《至言》。

4 **黄陶庵**：指明末学者黄淳耀。

5 **吕晚村**：明清之际思想家吕留良。

6 **袁简斋**：指清朝诗人袁枚。

7 **曹寅谷**：清代文学家曹之升。

8 **墨卷**：自宋以来，称取中士人的文章为程文（即科举考试用作示范的文章，应试者须依此程式作文）。清代刻录程文，试官往往按题自作一篇，故把取中的试卷改称为墨卷。

045. 作文须效法古人之“珠圆玉润”

我们动笔写文章，如果不是单纯追求形式美，而是在讲求内容的前提下，像曾国藩指点儿子那样，也讲求遣词造句的流畅明快，即所谓“珠圆玉润”，则是非常有道理的。

曾国藩在这封家书中，要求儿子作文务必做到文辞流畅，先向江淹、鲍照、徐陵、庾信之圆润学习，再向司马相如、扬雄、司马迁、韩愈之圆润看齐。真能做到这样，就没有不可读的古文，就没有不可读的经史。这样的引导方法自然会取得好的成效。

原文

无论古今何等文人，其下笔造句，总以珠圆玉润[1]四字为主。……故吾前示尔书，专以一重字救尔之短，一圆字望尔之成也。世人论文家之语圆而藻丽者，莫如徐陵、庾信，而不知江淹、鲍照则更圆，进之沈约、任昉则亦圆，进之潘岳、陆机则亦圆，又进而溯之东汉之班固、张衡、崔骃、蔡邕则亦圆，又进而溯之西汉之贾谊、晁错、匡衡、刘向则亦圆。至于马迁、相如、子云三人，可谓力趋险奥，不求圆适矣；而细读之，亦未始不圆。至于昌黎，其志意直欲陵驾子长、卿、云三人，戛戛[2]独造，力避圆熟矣，而久读之，实无一字不圆，无一句不圆。尔于古人之文，若能从江、鲍、徐、庾四人之圆步步上溯，直窥卿、云、马、韩四人之圆[3]，则无不可读之古文矣，即无不可通之经史矣。尔其勉之。余于古人之文，用功甚深，惜未能一一达之腕下，每歉然不怡耳。咸丰十年四月二十四日《谕纪泽》

注释

1 **珠圆玉润：**意思是像珠子一样浑泽，像玉石一样润泽。在这里形容文字流畅圆熟。

2 **戛戛**（jiá）：形容独创。

3 **窥：**探求。**卿、云、马、韩：**分别指司马相如、扬雄、司马迁、韩愈。

046. 写字作文宜模仿古人间架

曾国藩在此篇中，一方面在书法方面给儿子以切实中肯的指导，要求儿子在间架结构上用一番苦功，每日用油纸摹帖，力求“能合柳、赵为一”，以了却为父的“素愿”；另一方面又在作文方面给儿子以启迪，举出大量事实，引导儿子不要有任何顾忌，“均宜心有摹仿”。全文字字珠玑而又语重心长。

原文

内有贺丹麓先生墓志，字势流美，天骨开张，览之忻[1]慰。惟间架间有[2]太松之处，尚当加功。大抵写字只有用笔、结体两端。学用笔，须多看古人墨迹；学结体，须用油纸摹古帖。此二者，皆决不可易之理。小儿写影本，肯用心者，不过数月，必与其摹本字相肖[3]。吾自三十时，已解古人用笔之意，只为欠却间架工夫，便尔作字不成体段[4]。生平欲将柳诚悬、赵子昂[5]两家合为一炉，亦为间架欠工夫，有志莫遂。尔以后当从间架用一番苦功，每日用油纸摹帖，或百字，或二百字，不过数月，间架与古人逼肖而不自觉。能合柳、赵为一，此吾之素愿[6]也。不能，则随尔自择一家，但不可见异思迁耳。不特[7]写字宜摹仿古人间架，即作文亦宜摹仿古人间架。《诗经》造句之法，无一句无所本。《左传》之文，多现成句调。扬子云为汉代文宗，而其《太玄》摹《易》，《法言》摹《论语》，《方言》摹《尔雅》，《十二箴》摹《虞箴》，《长杨赋》摹《难蜀父老》，《解嘲》摹《客难》，《甘泉赋》摹《大人赋》，《剧秦美新》摹《封禅文》，《谏不许单于朝书》摹《国策》“信陵君谏伐韩”，几于无篇不摹。即韩、欧、曾、苏[13]诸巨公之文，亦皆有所摹拟，以成体段。尔以后作文作诗赋，均宜心有摹仿，而后间架可立，其收效较速，其取径较便。咸丰九年三月初三日《谕纪泽》

注释

1 **忻**：同“欣”，喜悦。

2 **间有**：间或有；偶尔有。

3 **肖**：相似；像。

4 **体段**：相当于“体统”，指体制、格局、规矩。

5 **柳诚悬**、**赵子昂**：即柳公权、赵孟頫（fǔ），分别是唐、元两朝著名书法家，其书法艺术对后世影响很大，有柳体、赵体之称。

6 **素愿**：向来怀着的愿望，一向的愿望。

7 **不特**：不仅；不只。

047. 作文要分类手抄词藻

如果撇开文章的内容去片面追求形式，追求词藻华丽，那是一定要不得的；如果在注重文章内容的同时，讲求文章的形式，讲求文章词藻的华丽，是完全应该的。曾国藩在这封家信中，启迪儿子在讲求文章内容的前提下，平时注意积累词语“分类手抄词藻”，丰富自己的语汇，久而久之，写起作文来必然是文思敏捷，左右逢源，得心应手，甚至有可能是“下笔如有神”了。应该说，这种语言文字基本功训练是必不可少的。

原文

尔作时文，宜先讲词藻，欲求词藻富丽，不可不分类抄撮[1]体面话头。近世文人，如袁简斋、赵瓯北、吴谷人[2]，皆有手抄词藻小本。此众人所共知者。阮文达公为学政时[3]，搜出生童夹带，必自加细阅。如系亲手所抄，略有条理者，即予进学；如系请人所抄，概录陈文者，照例罪斥。阮公一代闳儒[4]，则知文人不可无手抄夹带小本矣。昌黎之记事提要、纂言钩玄[5]，亦系分类手抄小册也。尔去年乡试[6]之文，太无词藻，几不能敷衍[7]成篇。此时下手工夫，以分类手抄词藻为第一义。咸丰九年五月初四日《谕纪泽》

注释

1 **抄撮**：摘抄；抄摘。

2 **袁简斋**：即袁枚，清代诗人。**赵瓯北**：即赵翼，清代史学家、文学家。**吴谷人**：即吴锡麒，清代文学家。

3 **阮文达公**：即阮元，清代学者。**学政**：清代学官官名“提督学政”的简称。

4 **闳儒**：相当于说“大儒”，即大学者、大学问家。

5 **纂言钩玄**：编纂文字，探求深奥的道理。

6 **乡试**：中国古代科举考试之一种。明清两代，每三年在省城举行一次考试，考中的人称举人。

7 **敷衍**：铺陈发挥。

048. 作文以思路宏开为必发之品

曾国藩在这封家信中既指出次子和侄儿作文情态虽好，但思路未开；又指导长子读和作应有机地结合，“则心自易入，史亦易熟”。这种针对性很强的教育儿侄的方法，表明了曾国藩的确是“教子有方”，“爱之以其道”。

原文

接纪泽六月二十三、七月初三日两禀[1]，并纪鸿及瑞侄禀信、八股。两人气象俱光昌，有发达之概，惟思路未开，作文以思路宏开为必发之品。意义层出不穷，宏开之谓也。

……尔拟于《明史》看毕，重看《通鉴》，即可便看王船山之《读通鉴论》，尔或间作史论[2]或作咏史诗。惟有所作，则心自易入，史亦易熟，否则难记也。同治五年八月初三日《谕纪泽纪鸿》

注释

1 **禀**：下对上言事曰禀。此处指儿子给父亲写信言事。

2 **史论**：评论历史的著作。

049. 诗文若非迥绝群伦不足以当大家之目

曾国藩在这篇书信中，启迪儿子在阅读古文古诗时应如何辨认大家、名家之作，并指出大家、名家之作的标准是“其貌其神迥绝群伦”，鼓励儿子“先认其貌，后观其神”，从而不断提高自己的欣赏水平和区别它们的门径。

原文

凡大家名家之作，必有一种面貌，一种神态，与他人迥不相同。譬之书家羲、献、欧、虞、褚、李、颜、柳[1]，一点一画，其面貌既截然不同，其神气亦全无似处。本朝张得天、何义门[2]虽称书家，而未能尽变古人之貌。故必如刘石庵[3]之貌异神异，乃可推为大家。诗文亦然。若非其貌其神迥绝群伦，不足以当大家之目。渠既迥绝群伦矣，而后人读之，不能辨识其貌，领取其神，是读者之见解未到，非作者之咎也。尔以后读古文古诗，惟当先认其貌，后观其神，久之自能分别蹊径。今人动指某人学某家，大抵多道听途说，扣槃扪烛[4]之类，不足信也。君子贵于自知，不必随众口附和也。同治五年十月十一日《谕纪泽》

注释

1 **羲、献、欧、虞、褚、李、颜、柳：** 分别指古代著名书法家王羲之、王献之、欧阳询、虞世南、褚遂良、李邕、颜真卿、柳公权。

2 **张得天：** 清代书法家、戏曲作家张照，字得天。 **何义门：** 清代校勘学家何焯，又工于书法，学者称为“义门先生”。

3 **刘石庵：** 清代书法家刘墉，号石庵。

4 **扣槃（pán）扪烛：** 成语。比喻认识片面、不正确。

050. 作诗文应具备情韵趣味

曾国藩的一生在诗文方面造诣颇深，几乎影响清末民初一部分士大夫中的几代人。他在篇中所说的作诗文应当具备的情韵趣味这两种境界，实则是他对中国传统文化的继承和发展，反映出他讲求实际、反对空谈的思想学术观念。

原文

尔七律十五首圆适深稳，步趋义山[1]，而劲气倔强处颇似山谷[2]。尔于情韵、趣味二者皆由天分中得之。凡诗文趣味约有二种：一曰诙诡之趣，一曰闲适之趣。诙诡之趣，惟庄、柳之文，苏、黄之诗。韩公诗文，皆极诙诡。此外实不多见。闲适之趣，文惟柳子厚游记近之，诗则韦、孟、白、傅[3]均极闲适。而余所好者，尤在陶之五古、杜之五律、陆之七绝，以为人生具此高淡襟怀，虽南面王不以易其乐也。尔胸怀颇雅淡，试将此三人之诗研究一番，但不可走入孤僻一路耳。同治六年三月二十二日《谕纪泽》

注释

1 **义山**：指唐代诗人李商隐。

2 **山谷**：指北宋诗人黄庭坚。

3 **韦**：指唐代诗人韦应物。 **孟**：指唐代诗人孟浩然。 **白**：指唐代诗人白居易。 **傅**：指明末清初的傅山。

051. 绝好文字必突出一长

在这篇家书中，曾国藩启迪儿子，古人绝妙的好文章在气势、识度、情韵、趣味四方面必突出一长。因而在阅读古文时应联系这四个方面“放论而详问”。这样，阅读写作才会有比较大的进步。

原文

尔写信太短。近日所看之书，及领略古人文字意趣，尽可自摅[1]所见，随时质正。前所示有气则有势，有识则有度，有情则有韵，有趣则有味，古人绝好文字，大约于此四者之中必有一长。尔所阅古文，何篇于何者为近？可放论而详问焉。鸿儿亦宜常常具禀，自述近日工夫。同治四年六月初一日《谕纪泽纪鸿》

注释

1 **摅**：抒发。

052. 作诗文“宜从短处痛下工夫”

曾国藩在这封家信里，分析儿子“看书”“写字”显得“天分甚高”，是儿子的长处，就要求儿子对于自己的长处“拓而充之”；又分析儿子作诗作文显得“天分略低”，是儿子的短处，就谆谆教导儿子自觉“扎挣发愤”，“从短处痛下工夫”。这种鼓励儿子扬长补短的教育方法，至今仍值得提倡。

原文

尔求抄古文目录，下次即行寄归。尔写字笔力太弱，以后即常摹柳帖亦好。家中有柳书《玄秘塔》《琅邪碑》《西平碑》各种，尔可取《琅邪碑》日临百字、摹百字。临以求其神气，摹以仿其间架。每次家信内，各附数纸送阅。

《左传》注疏阅毕，即阅看《通鉴》。将京中带回之《通鉴》，仿我手校本[1]，将目录写于面上。其去秋在营带去之手校本，便中[2]仍当寄送祁门。余常思翻阅也。

尔言鸿儿为邓师所赏，余甚欣慰。鸿儿现阅《通鉴》，尔亦可时时教之。尔看书天分甚高，作字天分甚高，作诗文天分略低，若在十五六岁时教导得法，亦当不止于此。今年已二十三岁，全靠尔自己扎挣发愤，父兄师长不能为力。作诗文是尔之所短，即宜从短处痛下工夫。看书写字尔之所长，即宜拓而充之。咸丰十一年正月十四日《谕纪泽》

注释

1 **手校本**：亲手校订的书籍。

2 **便中**：方便的时候；顺便的机会。

053. 宜对古人诗集悉心研究

曾国藩这封家书主要是对儿子作诗的具体指导。他既肯定儿子的"诗笔远胜于文笔"，鼓励儿子"以后宜常常为之"；又认定儿子"能古雅而不能雄骏"，勉励儿子"多作五言诗"；还针对儿子的性格气质，指示儿子与自己气质相近的六家诗集固然要读，就是与自己气质不相近的八家诗集也定要悉心研究一番，真正做到了教导有方，期望甚殷，非一般为人父者所能比拟。

同时，曾国藩认定唐代的李杜韩白、宋金之苏黄陆元八家诗集，"实《六经》外之巨制""文字中之尤物"。这种评价是很有见地的，亦非一般昏庸的士大夫所能比拟。

原文

尔诗笔远胜于文笔，以后宜常常为之。余久不作诗，而好读诗。每夜分[1]辄取古人名篇高声朗诵，用以自娱。……尔之才思，能古雅而不能雄骏，大约宜作五言，而不宜作七言。余所选十八家诗，凡十厚册，在家中，此次可交来丁带至营中。尔要读古诗，汉魏六朝，取余所选曹、阮、陶、谢、鲍、谢[2]六家，专心读之，必与尔性质相近。至于开拓心胸，扩充气魄，穷极变态，则非唐之李杜韩白、宋金之苏黄陆元[3]八家不足以尽天下古今之奇观。尔之质性，虽与八家者不相近，而要不可不将此八人之集悉心研究一番，实《六经》外之巨制，文字中之尤物也。同治元年正月十四日《谕纪泽》

注释

1 **夜分**：夜半。

2 **曹、阮、陶、谢、鲍、谢**：分别指曹操、阮籍、陶渊明、谢灵运、鲍照、谢朓。

3 **苏黄陆元**：分别指苏轼、黄庭坚、陆游、元好问。

054. 钻研小学宜先知其源流优长

曾国藩此篇宗旨是指导儿子从事语言文字学（即小学）的学习和研究，并对字形、训诂、音韵之三大宗的学术源流进行了精辟的分析，起到了指点迷津的作用，使之在研究探讨中少走许多弯路。

原文

尔从事小学、《说文》，行之不倦，极慰极慰。小学凡三大宗。言字形者，以《说文》为宗。古书惟大小徐二本[1]，至本朝而段氏特开生面，而钱坫、王筠、桂馥[2]之作亦可参观。言训诂者，以《尔雅》为宗。古书惟郭注邢疏[3]，至本朝而邵二云[4]之《尔雅正义》、王怀祖之《广雅疏证》、郝兰皋[5]之《尔雅义疏》，皆称不朽之作。言音韵者，以《唐韵》为宗，古书惟《广韵》《集韵》，至本朝而顾氏[6]《音学五书》

乃为不刊之典，而江慎修、戴东原、段茂堂、王怀祖、孔巽轩、江晋三诸作，亦可参观。尔欲于小学钻研古义，则三宗如顾、江、段、邵、郝、王六家之书，均不可不涉猎而探讨之。同治元年十月十四日《谕纪泽》

注释

1 **大小徐二本**：五代、宋文字学家徐铉、徐锴兄弟，号“大小二徐”。徐铉曾与人校订《说文解字》，新补十九字于正文中，又以经典相承及时俗通用而为《说文》所不载者四百零二字附于正文后，世称“大徐本”。徐锴著《说文解字系传》四十卷，已注意到形声相生、音义相转之理。

2 **钱坫**：清代书法家。 **王筠**：清代文字学家。在《说文》研究上，综合分析诸家之说，为后人指示门径。著有《说文句读》《说文释例》《说文系传校录》等。 **桂馥**：清代文字训诂学家。取《说文解字》与古代诸经典文义相参校，撰《说文义证》五十卷。

3 **郭注邢疏**：指东晋文学家、训诂学家郭璞所著《尔雅注》等书，集《尔雅》学之大成。

4 **邵二云**：邵晋涵，清代著名学者，号二云。

5 **郝兰皋**：郝懿行，清代经学家、训诂学家，号兰皋。

6 **顾氏**：即明清之际大思想家、大学问家顾炎武。

055. 学诗宜先学一体

曾国藩一生对作诗颇有研究，且形成了自己的风格，体现了时代的特色。他所强调的，学作诗就须先学一体的观点，同样体现他的宜专不宜广的学术思想，值得今人借鉴吸取。

原文

学诗从《中州集》[1]入亦好。然吾意读总集，不如读专集。此事人人意见各殊，嗜好不同。吾之嗜好，于五古则喜读《文选》，于七古则喜读《昌黎集》，于五律则喜读杜集，七律亦最喜杜诗，而苦不能步趋，故兼读《元遗山集》[2]。吾作诗最短于七律，他体皆有心得，惜京都无人可与畅语者。尔要学诗，先须看一家集，不要东翻西阅。先须学一体，不可各体同学。盖明一体，则皆明也。道光二十三年六月初六日《致温弟》

注释

1 **《中州集》**：金代元好问选编，收录金代二百多人诗作，因各作者多聚于中州（今河南一带），故称为《中州集》。

2 **《元遗山集》**：指金代诗人、词人元好问的诗文集。

056. 学诗须讲究声调，学字须讲求墨色

曾国藩在此篇中告诫儿子学诗须讲究声调，学字须讲求墨色。同时还再三叮嘱在科考结束之后，必须穷经读史。“光阴难得，一刻千金”，敦促儿子将所有的时间和精力都要用在学习上。曾国藩这种对儿子学习的循循善诱的精神，今天为人父母者仍可深思借鉴。

原文

尔七古诗，气清而词亦稳，余阅之忻慰。凡作诗，最宜讲究声调。余所选抄五古九家、七古六家，声调皆极铿锵，耐人百读不厌。余所未抄者，如左太冲、江文通、陈子昂、柳子厚之五古[1]，鲍明远、高达夫、王摩诘、陆放翁之七古[2]，声调亦清越异常。尔欲作五古七古，须熟读五古七古各数十篇。先之以高声朗诵，以昌其气；继之以密咏恬

吟，以玩其味。二者并进，使古人之声调，拂拂然[3]若与我之喉舌相习，则下笔为诗时，必有句调凑赴腕下。诗成自读之，亦自觉琅琅可诵，引出一种兴会[4]来。古人云“新诗改罢自长吟”，又云“煅诗未就且长吟”，可见古人惨淡经营[5]之时，亦纯在声调上下工夫。盖有字句之诗，人籁[6]也；无字句之诗，天籁[7]也。解此者，能使天籁人籁凑泊[8]而成，则于诗之道思过半矣。

尔好写字，是一好气习。近日墨色不甚光润，较去年春夏已稍退矣。以后作字，须讲究墨色。古来书家，无不善使墨者，能令一种神光活色浮于纸上，固由临池之勤染翰之多所致[9]，亦缘于墨之新旧浓淡，用墨之轻重疾徐，皆有精意运乎其间，故能使光气常新也。

……今年初次下场[10]，或中或不中，无甚关系，榜后即当看《诗经》注疏。以后穷经读史，二者迭进。国朝大儒，如顾、阎、江、戴、段、王[11]数先生之书，亦不可不熟读而深思之。光阴难得，一刻千金。以后写安禀来营，不妨将胸中所见、简编[12]所得，驰骋议论，俾余得以考察尔之进步，不宜太寥寥。此谕。咸丰八年八月二十日《谕纪泽》

注释

1 **左太冲**：西晋左思，字太冲，博学能文。 **江文通**：南朝江淹，字文通，以文章见称于世。

2 **鲍明远**：南朝宋人鲍照，字明远，文辞瞻逸。 **高达夫**：唐代高適，字达夫，以诗见称于世。 **王摩诘**：唐代王维，字摩诘，以诗画著称于后世。

3 **拂拂然**：风吹动貌。

4 **兴会**：感发。

5 **惨淡经营**：本意指画画前，先用浅淡颜色勾勒轮廓，苦心构思，经营位置。后泛称尽心规划为“惨淡经营”。

6 **人籁**：本意指竹制乐器，即排箫。后来泛指人所发出的音响。

7 **天籁**：自然界发出的音响。

8 **凑泊**：凝合；聚结。

9 **临池**：指学习书法。池，指砚。 **染翰**：以笔蘸墨。

10 **下场**：指科考收场和结局。

11 **顾、阎、江、戴、段、王：**分别指清代学者顾炎武、阎若璩、江藩、戴震、段玉裁、王念孙。

12 **简编：**古人或书于简，或书于帛，或书于纸，编次成书。后世因而泛称书籍为简编。

057. 学诗不可读选本

曾国藩在诗文方面颇有建树，所以他对学诗的见解颇深，强调学而应有专，这一方法值得重视。

原文

九弟诗大进，读之为之距跃三百，即和四章寄回。……诗之为道，各人门径不同，难执一己之成见以概论。吾前教四弟学袁简斋[1]，以四弟笔情与袁相近也。今观九弟笔情，则与元遗山[2]相近。吾教诸弟学诗无别法，但须看一家之专集，不可读选本，以汩没性灵。至要至要。吾于五七古学杜、韩，五七律学杜，此二家无一字不细看。外此则古诗学苏、黄，律诗学义山，此三家亦无一字不看。五家之外，则用功浅矣。我之门径如此，诸弟或从我行，或别寻门径，随人性之所近而为之可耳。道光二十五年三月初五日《致澄弟温弟沅弟季弟》

注释

1 **袁简斋：**指清代诗人袁枚。论诗反对拟古，主张性灵，提倡写个人性情、遭际与灵感。诗多写士大夫闲情逸致，风格空灵流利、清新自然。

2 **元遗山：**指金代诗人元好问。其诗多反映国破家亡之感，颇显沉郁。

058. 学诗可以陶冶情操

曾国藩在这封家信中，谆谆教育儿子多读古书，陶冶性情，用美好的品德约束自己；鼓励儿子学习王羲之、陶渊明的胸怀风度、潇洒清逸，而不要效法嵇康、阮籍的不尊重名教。

原文

和张邑侯诗，音节近古，可慰可慰。五言诗，若能学到陶潜、谢朓一种冲淡之味和谐之音，亦天下之至乐，人间之奇福也。尔既无志于科名禄位，但能多读古书，时时哦诗作字，以陶写性情，则一生受用不尽。第宜束身圭璧[1]，法王羲之、陶渊明之襟韵潇洒则可，法嵇、阮[2]之放荡名教则不可耳。同治元年七月十四日《谕纪泽》

注释

1 **圭（guī）璧**：比喻美好的品质。

2 **嵇、阮**：分别指三国魏文学家、思想家、音乐家嵇康和三国魏文学家、思想家阮籍。

059. 学诗宜取韩愈奇崛之气

曾国藩在这封家信中，对儿子写四言诗提出更高的要求，特别是教其写四言诗要有声响、有光芒。“熟读成诵，则于四言之道自有悟境”，为其写好四言诗指明了途径与方法。

原文

尔诗胎息[1]近古，用字亦皆的当。惟四言诗最难有声响，有光芒，虽《文选》韦孟[2]以后诸作，亦复尔雅有余，精光不足。扬子云之《州箴》《百官箴》诸四言，刻意摹古，亦乏作作[3]之光、渊渊[4]之声。余生平于古人四言，最好韩公之作，如《祭柳子厚文》《祭张署文》《进学解》《送穷文》诸四言，固皆光如皎日，响如春霆。即其他凡墓志之铭词及集中如《淮西碑》《元和圣德》各四言诗，亦皆于奇崛之中迸出声光。其要不外意义层出、笔仗雄拔而已。自韩公而外，则班孟坚《汉书·叙传》一篇，亦四言中之最隽雅者。尔将此数篇熟读成诵，则于四言之道自有悟境。同治元年十一月初四日《谕纪泽》

注释

1 **胎息**：道家的一种修炼方法。

2 **韦孟**：西汉诗人。

3 **作作**：光芒四射的样子。

4 **渊渊**：深广。

060. 写篆字不能无帖意

曾国藩对书法很有造诣。他在此篇中详尽地教诫儿子写篆书应注意的事项，指明写篆字间架太散是因为无帖意的缘故，指导明确具体而又切中要害。

原文

纪渠侄近写篆字甚有笔力，可喜可慰。兹圈出付回。尔须教之认熟篆文，并解明偏旁本意。渠侄、湘侄要大字横匾，余即日当写就付归。寿侄亦当付一匾也。家中有李少温[1]篆帖《三坟记》《栖先茔记》，亦可寻出，呈澄叔一阅。澄弟作篆字，间架太散，以无帖意故也。邓石如[2]先生所写篆字《西铭》《弟子职》之类，永州杨太守新刻一套，尔可求郭意诚姻叔拓一二分，俾家中写篆者有所摹仿。咸丰十一年六月二十四日《谕纪泽》

注释

1 **李少温**：指唐文学家、书法家李阳冰，字少温。工篆书，其字变化开合，自成风格，后世学篆者多宗之。

2 **邓石如**：清代篆刻家、书法家邓琰，字石如，精四体书，造诣很深。

061. 学字当学颜、柳秀雄之气

要想把字写得秀丽而且雄劲有力，只有学习颜帖和柳帖；如学习赵帖和董帖，“恐秀而失之弱耳”。曾国藩这种有针对性的指导方法，是完全可取的。

原文

凡作字总要写得秀，学颜、柳，学其秀而能雄；学赵、董[1]，恐秀而失之弱耳。尔并非下等姿质，特从前无善讲善诱之师，近来又颇有好高好速之弊。若求长进，须勿忘而兼以勿助，乃不致走入荆棘耳。同治五年二月十八日《谕纪鸿》

注释

1 **赵、董**：指元代书画家赵孟頫、明代书画家董其昌。

062. 练书法贵在困知勉行工夫

凡事碰上极其困难的时候，只有经过“再进再困，再熬再奋”的实践过程，才能达到亨通精进的境界。这是曾国藩毕生事业有成的诀窍。在这封家信中，他把这个“成功秘诀”告诉了儿子，并教诫儿子“不特习字，凡事皆有极困极难之时，打得通的，便是好汉”。这种看法是很有见地的。

原文

尔学柳帖《琅邪碑》，效其骨力，则失其结构，有其开张[1]，则无其捖搏[2]。古帖本不易学，然尔学之尚不过旬日，焉能众美毕备，收效如此神速？……余于凡事皆用困知勉行[3]工夫，尔不可求名太骤，求效太捷也。以后每日习柳字百个，单日以生纸临之，双日以油纸摹之。临帖宜徐，摹帖宜疾，专学其开张处。数月之后，手愈拙，字愈丑，意兴愈低，所谓困也。困时切莫间断，熬过此关，便可少进。再进再困，再熬再奋，自有亨通精进之日。不特习字，凡事皆有极困极难之时，打得通的，便是好汉。同治五年正月十八日《谕纪鸿》

注释

1 **开张**：指舒展。

2 **捖（wán）搏**：捖，变化；搏，跳动。捖搏，即书法笔画的变化。

3 **困知勉行**：困知，遇困而求知；勉行，尽力实行。指人的知识必须克服困难才能得到，人的事业必须尽力实行才能成功。

063. 学书法须从赵法入门

曾国藩对于书法很有造诣，原本立志要同何绍基等人比个高下，只是由于长期从政、从军而未能如愿。他在这封家信中将自己练习书法的心得体会详尽地告诉儿子，不仅耐心启迪儿子应了解书学发展源流及其学术流派，以便博采众长，补己所短；而且悉心开导儿子欲学书法须从赵体入手，要勤学苦练早见成效。

原文

赵文敏[1]集古今之大成，于初唐四家内师虞永兴[2]，而参以钟绍京[3]，因此以上窥二王，下法山谷，此一径也；于中唐师李北海[4]，而参以颜鲁公[5]、徐季海[6]之沉着，此一径也；于晚唐师苏灵芝[7]，此又一径也。由虞永兴以溯二王及晋六朝诸贤，世所称南派者也；由李北海以溯欧、褚[8]及魏北齐诸贤，世所谓北派者也。尔欲学书，须窥寻此两派之所以分。南派以神韵胜，北派以魄力胜。宋四家，苏、黄近于南派，米、蔡[9]近于北派。赵子昂欲合二派而汇为一。尔从赵法入门，将来或趋南派，或趋北派，皆可不迷于所往。

我先大夫竹亭公[10]，少学赵书，秀骨天成。我兄弟五人，于字皆下苦功，沅叔天分尤高。尔若能光大先业，甚望甚望！咸丰九年三月二十三日《谕纪泽》

注释

1 **赵文敏**：即元初书画家赵孟頫。

2 **虞永兴**：即唐初书法家虞世南。

3 **钟绍京**：唐前期书法家。为三国时期书法家钟繇十世孙。

4 **李北海**：指唐代书法家李邕（yōng），因曾任北海太守，人称

"李北海"。

5 **颜鲁公**：指唐代书法家颜真卿，因曾封鲁郡公，故人称"颜鲁公"。

6 **徐季海**：指唐代书法家徐浩。

7 **苏灵芝**：晚唐书法家。

8 **欧、褚**：指唐初书法家欧阳询、褚遂良。

9 **米、蔡**：指北宋书法家米芾、蔡襄。

10 **大夫竹亭公**：即曾国藩的父亲曾麟书，字竹亭。"大夫"为清朝政府所封赠。

064. 勤奋以图自立

革除长傲、多言两大弊端，究其实质还只是个人修养的一个方面。如不能勤勉奋发以图自立，还是不能使家业兴旺。所以曾国藩在这封信中又再次强调振奋精神、持之以恒的重要，其期望之殷殷，可见一斑。

原文

长傲、多言二弊，历观前世卿大夫兴衰及近日官场所以致祸福之由，未尝不视此二者为枢机，故愿与诸弟共相鉴诫。第能惩此二者[1]，而不能勤奋以图自立，则仍无以兴家而立业。故又在乎振刷精神，力求有恒，以改我之旧辙而振家之丕基[2]。咸丰八年三月二十四日《致沅弟》

注释

1 **第**：只。 **惩**：制止；鉴戒。

2 **丕基**：基础；基业。

065. 求强当在自修处着力

这则家训告诉我们：强要强在自修处，也就是要注重自己内心的修养、素质的提高。只有通过日积月累，细细琢磨，形成高山景行的道德品行，那才叫真正的“强”。

原文

凡国之强，必须多得贤臣工[1]；家之强，必须多出贤子弟。此亦关乎天命，不尽由于人谋。至一身之强，则不外乎北宫黝[2]、孟施舍[3]、曾子三种。孟子之集义而慊，即曾子之自反而缩[4]也。惟曾、孟与孔子告仲由[5]之强，略为可久可常。此外斗智斗力之强，则有因强而大兴，亦有因强而大败。古来如李斯、曹操、董卓、杨素[6]，其智力皆横绝一世，而其祸败亦迥异寻常。近世如陆、何、肃、陈[7]亦皆予知自雄，而俱不保其终。故吾辈在自修处求强则可，在胜人处求强则不可。同治五年九月十二日《致沅弟》

注释

1 **臣工**：群臣百官。

2 **北宫黝**：古代贤人。

3 **孟施舍**：古代贤人。

4 **自反而缩**：自我反省之后觉得有理。

5 **仲由**：字子路，孔子弟子。相传其有勇力，故后来作为勇士的代称。

6 **杨素**：隋臣，善玩权术。

7 **陆、何、肃、陈**：此处似指1861年政变中被诛杀的肃顺等人。

066. 应有打脱牙和血吞的坚韧之气

人的一生难免会遇到许多坎坷不平之事，不如意事常有，关键是如何对待。有的人在挫折面前一蹶不振，自甘沉沦，但也有人将挫折化为动力，奋斗不止，自强不息。这是曾国藩从人生阅历中得来的深刻感受。“好汉打脱牙，和血吞”这一名言至今仍有借鉴意义。

原文

弟之忧灼[1]，想尤甚于初十以前。然困心横虑[2]，正是磨炼英雄玉汝于成，李申夫[3]尝谓余怄气从不说出，一味忍耐，徐图自强，因引谚曰“好汉打脱牙，和血吞”。此二语是余生平咬牙立志之诀，不料被申夫看破。余庚戌、辛亥间为京师权贵所唾骂，癸丑、甲寅为长沙所唾骂，乙卯、丙辰为江西所唾骂，以及岳州之败、靖江之败、湖口之败，盖打脱牙之时多矣，无一次不和血吞之。弟此次郭军之败、三县之失，亦颇有打脱门牙之象。来信每怪运气不好，便不似好汉声口[4]，惟有一字不说，咬定牙根，徐图自强而已。同治五年十二月十八日《致沅弟》

注释

1 **忧灼**：忧愁焦急。

2 **困心横虑**：即“困心衡虑”，心意困苦，思虑阻塞。意谓尽心竭虑的思考。

3 **李申夫**：即曾国藩的幕僚李榕。

4 **声口**：口气。

067. 应从挫折处磨炼意志

曾国藩在篇中指出，只有从挫折、失败中奋起，咬牙立志坚持到底，才是大丈夫立身处世的一条准则。这点时至今日仍有启迪意义。

原文

此时须将劾官相[1]之案、圣眷之隆替[2]、言路之弹劾[3]一概不管。袁了凡所谓从前种种譬如昨日死，从后种种譬如今日生，另起炉灶，重开世界，安知此两番之大败，非天之磨炼英雄，使弟大有长进乎？谚云吃一堑长一智，吾生平长进全在受挫受辱之时。务须咬牙励志，蓄其气而长其智，切不可苶然[4]自馁也。同治六年二月二十九日《致沅弟》

注释

1 **官相**：指湖广总督官文。

2 **眷**：器重。 **隆替**：盛衰。

3 **言路**：向朝廷进言的途径。 **弹劾**：检举官吏的过失、罪状。

4 **苶（nié）然**：疲倦的样子。

068. 不应存当官发财之私念

篇中体现了曾国藩最重要的人生志向，就是做官不是为了发财，更不应当留下钱财给子孙，重在诱导他们自谋生计。这就是人们所说的："子孙有用，留钱没有用；子孙无用，留钱也没有用。"与此同时，他反复告诫诸弟，多给钱财给你们，并不是真心爱你们。这种把钱财视为身外之物，反对当官发财的观念，至今仍有借鉴的意义。

原文

我待温弟似乎近于严刻，然我自问此心，尚觉无愧于兄弟者，盖有说焉。大凡做官的人，往往厚于妻子而薄于兄弟，私肥于一家而刻薄于亲戚族党。予自三十岁以来，即以做官发财为可耻，以宦囊积金遗子孙为可羞可恨，故私心立誓，总不靠做官发财以遗后人。神明鉴临[1]，予不食言。此时侍奉高堂，每年仅寄些须，以为甘旨[2]之佐。族戚中之穷者，亦即每年各分少许，以尽吾区区之意。盖即多寄家中，而堂上所食所衣亦不能因而加丰，与其独肥一家，使戚族因怨我而并恨堂上，何如分润戚族，使戚族戴我堂上之德而更加一番钦敬乎？将来若作外官，禄入较丰，自誓除廉俸[3]之外，不取一钱。廉俸若日多，则周济亲戚族党者日广，断不蓄积银钱为儿子衣食之需。盖儿子若贤，则不靠宦囊，亦能自觅衣饭；儿子若不肖，则多积一钱，渠[4]将多造一孽，后来淫佚作恶，必且大玷[5]家声。故立定此志，决不肯以做官发财，决不肯留银钱与后人。若禄入较丰，除堂上甘旨之外，尽以周济亲戚族党之穷者。此我之素志也。

至于兄弟之际，吾亦惟爱之以德，不欲爱之以姑息。教之以勤俭，劝之以习劳守朴，爱兄弟以德也；丰衣美食，俯仰如意，爱兄弟以姑息也。姑息之爱，使兄弟惰肢体，长骄气，将来丧德亏行，是即我率兄弟以不孝也，吾不敢也。我仕宦十余年，现在京寓所有惟书籍、衣服二者。衣服则当差者必不可少，书籍则我生平嗜好在此，是以二物略多。将来我罢官归家，我夫妇所有之衣服，则与五兄弟拈阄均分。我所办之书籍，则存贮利见斋[6]中，兄弟及后辈皆不得私取一本。除此二者，予断不别存一物以为宦囊，一丝一粟不以自私。此又我待兄弟之素志也。恐温弟不能深谅我之心，故将我终身大规模告与诸弟，惟诸弟体察而深思焉。道光二十九年三月二十一日《致澄弟温弟沅弟季弟》

注释

1 **神明**：神祇，天地之神。 **鉴临**：省察。

2 **甘旨**：美味。

3 **廉俸**：清制规定，文武官员除正俸之外，另给养廉银，合称为廉俸或俸廉。

4 **渠**：他。

5 **玷**（diàn）：辱。

6 **利见斋**：指曾家藏书楼名。

069. 无恒心则一事无成

曾国藩在这封家书中从自身的经历谈自己的体会，读来情真意切。特别是“精神愈用则愈出，阳气愈提则愈盛”一语，使人振奋。读书也好，做事也好，贵在这种态度。欲进还退，欲说还休，没有一点朝气，什么事情也做不好。

原文

来书谓意趣不在此，则兴会索然。此却大不可。凡人作一事，便须全副精神注在此一事，首尾不懈，不可见异思迁，做这样想那样，坐这山望那山。人而无恒，终身一无所成。我生平坐[1]犯无恒的弊病，实在受害不小。当翰林时，应留心诗字，则好涉猎它书，以纷其志。读性理书时，则杂以诗文各集，以歧其趋。在六部时，又不甚实力讲求公事。在外带兵，又不能竭力专治军事，或读书写字以乱其志意。坐是垂老而百无一成。即水军一事，亦掘井九仞[2]而不及泉，弟当以为鉴戒。现在带勇，即埋头尽力以求带勇之法，早夜孳孳[3]，日所思，夜所梦，舍带勇以外则一概不管。不可又想读书，又想中举，又想作州县，纷纷扰扰，千头万绪，将来又蹈我之覆辙，百无一成，悔之晚矣。

……身体虽弱，却不宜过于爱惜，精神愈用则愈出，阳气愈提则愈盛。每日作事愈多，则夜间临睡愈快活。若存一爱惜精神的意思，将前将却[4]，奄奄无气，决难成事。咸丰七年十二月十四日《致沅弟》

注释

1 **坐**：因为；由于。

2 **九仞**（rèn）：古时八尺或七尺叫作一仞。

3 **孳孳**：同“孜孜”，勤勉不懈。

4 **却**：倒退；退却。

070. 不宜居大位享大名

曾国藩在此篇中告诫后辈，不要想到做官，不要想到居大位享大名，就是像他那样做了官也须时时做罢官和衰败的思想准备。这反映出“官场就是战场”“官场险恶”“曾氏兄弟同满族矛盾尖锐”这一清末历史事实。

原文

余决计此后不复作官，亦不作回籍安逸之想，但在营中照料杂事，维系军心。不居大位享大名，或可免于大祸大谤。若小小凶咎，则亦听之而已。

……目下官虽无恙[1]，须时时作罢官衰替[2]之想。至嘱至嘱。同治五年十一月初三日《谕纪泽》

注释

1 **无恙**：安全；无疾无忧。

2 **衰替**：衰败。

071. 修身应以不忮不求为重

这是曾国藩在赴天津办理教案时写给他的两个儿子的预立遗嘱的一部分。字里行间要求子孙后代修身养性，这其中虽反映出封建道学家的明显痕迹，但却是曾氏自身的切要体会。

原文

余生平略涉先儒之书，见圣贤教人修身，千言万语，而要以不忮不求[1]为重。忮者，嫉贤害能，妒功争宠，所谓怠者不能修，忌者畏人修之类也。求者，贪利贪名，怀土怀惠，所谓未得患得，既得患失之类也。忮不常见，每发露于名业相侔[2]、势位相埒[3]之人；求不常见，每发露于货财相接、仕进相妨之际。将欲造福，先去忮心，所谓人能充无欲害人之心，而仁不可胜用也。将欲立品，先去求心，所谓人能充无穿窬[4]之心，而义不可胜用也。忮不去，满怀皆是荆棘；求不去，满腔日即卑污。余于此二者常加克治，恨尚未能扫除净尽。尔等欲心地干净，宜于此二者痛下工夫，并愿子孙世世戒之。同治九年六月初四日《谕纪泽纪鸿》

注释

1 **不忮（zhì）不求**：语见《诗经·邶风·雄雉》。忮，忌恨；嫉妒。求，乞求；贪求。

2 **相侔（móu）**：相等；相齐。

3 **相埒（liè）**：同等。

4 **穿窬（yú）**：穿，穿墙破壁。窬，同“逾”，越墙翻垣。本意指盗窃行为，比喻鄙陋苟且。

072. 做人的道理重在“敬恕”二字

曾国藩教育后辈的内容是多方面的，但其重点是告诉儿子如何读书，如何做人。这里除去“做人”的传统道德内涵不谈外，单就这种告诫后代读书学修身、学做人的教育思想而论，其意义是深远的，值得今人好好体会。

原文

至于作人之道，圣贤千言万语，大抵不外敬恕[1]二字。……尔心境明白，于恕字或易著功，敬字则宜勉强行之。此立德之基，不可不谨。咸丰八年七月二十一日《谕纪泽》

注释

1 **恕：**宽容。

073. 一定要经风霜磨炼

曾国藩在这封书信中教诫儿子，经过风霜磨炼可以长见识，可以坚筋骨。这是曾国藩经验之谈，也反映出他的远见卓识。

原文

身体虽弱，处多难之世，若能风霜磨炼、苦心劳神，亦自足坚筋骨而长识见。沅甫[1]叔向最羸弱，近日从军，反得壮健，亦其证也。咸

丰九年三月初三日《谕纪泽》

注释

1 **沅甫：**即曾国藩的弟弟曾国荃。

074. 一心应向平实处努力

聪明人首先应该是老实人。当然，老实不是迂呆，而是强调以诚为本。正如曾国藩在这封信中所强调的，要“将自家笃实的本质还我真面、复我固有”。老实与强毅也不矛盾。要善养强毅之气，但强毅不等于刚愎自用。强毅是以心为本的义理之性。刚愎自用则是发乎血气的生理之性，二者相较有天壤之别。

原文

弟书自谓是笃实一路人，吾自信亦笃实人，只为阅历世途，饱更[1]事变，略参些机权作用，把自家学坏了。实则作用万不如人，徒惹人笑，教人怀恨，何益之有？近日忧居猛省，一味向平实处用心，将自家笃实的本质还我真面、复我固有。贤弟此刻在外，亦急须将笃实复还，万不可走入机巧一路，日趋日下也。纵人以巧诈来，我仍以浑含应之，以诚愚应之；久之，则人之意也消。若钩心斗角，相迎相距，则报复无已时耳。

至于强毅之气，决不可无，然强毅与刚愎有别。古语云自胜[2]之谓强。曰强制，曰强恕，曰强为善，皆自胜之义也。如不惯早起，而强之未明即起；不惯庄敬，而强之坐尸立斋[3]；不惯劳苦，而强之与士卒同甘苦，强之勤劳不倦。是即强也。不惯有恒，而强之贞恒，即毅也。舍此而求以客气[4]胜人，是刚愎而已矣。二者相似，而其流相去霄壤，不可不察，不可不谨。咸丰八年正月初四日《致沅弟》

注释

1 **更：**经过；经历。

2 **自胜：**自己战胜自己；自己克服自己的弱点。

3 **坐尸立斋：**端坐肃立。

4 **客气：**客与主相对而言，宋儒以心为性的本体，因以发自血气的生理之性为客气。

075. 以“廉”“谦”“劳”三字自惕

曾国藩历来认为日中则昃，月盈则亏，而曾家目前正处于丰盈之际，必须格外警惕戒惧。因此，在这封家训中，特饬二弟以“廉”“谦”“劳”三字自惕。以“廉”“谦”“劳”三字自惕，至今仍有借鉴意义。

原文

以后宜不妄取分毫，不寄银回家，不多赠亲族，此廉字工夫也。谦之存诸中者[1]不可知，其着于外者，约有四端：曰面色，曰言语，曰书函，曰仆从属员。……而弟等每次来信，索取帐棚子药等件，常多讥讽之词，不平之语，在兄处书函如此，则与别处书函更可知已。沅弟之仆从随员颇有气焰，面色言语，与人酬接时，吾未及见，而申夫[2]曾述及往年对渠之词气，至今饮憾。以后宜于此四端痛加克治，此谦字工夫也。每日临睡之时，默数本日劳心者几件，劳力者几件，则知宣勤王事之处无多，更竭诚以图之，此劳字工夫也。

余以名位太隆，常恐祖宗留诒[3]之福自我一人享尽，故将劳、谦、廉三字时时自惕，亦愿两贤弟之用以自惕。同治元年五月十五日《致沅弟季弟》

注释

1 **存诸中者**：存之于内心。诸，作“之于”解。中，作“内心”解。

2 **申夫**：即曾国藩的幕僚李榕。

3 **留诒**（yí）：留传；遗留。

076. 天下无完全无间之人才

曾国藩在这封信中指出了一般读书人常犯的毛病：为人自视过高，为文言过其实。不过，这封信的可取之处还不全在这里，而在于字里行间渗透出的一种待人处世的通达平和的态度。所谓“大者得正，而小者包荒”，也就是我们今天常说的求大同存小异。

原文

文士之自命过高，立论过亢[1]，几成通病。吾所批其硬在嘴、其劲在笔，此也。然天分高者，亦可引之一变而至道。如罗山、璞山、希庵[2]皆极高亢后乃渐归平实。即余昔年亦失之高亢，近日稍就平实。……大抵天下无完全无间[3]之人才，亦无完全无隙之交情。大者得正，而小者包荒[4]，斯可耳。咸丰十年八月十二日《致沅弟季弟》

注释

1 **亢**：高。

2 **罗山、璞山、希庵**：分别指湘军将领罗泽南、王鑫、李续宜。

3 **间**：差别。

4 **包荒**：包涵；包容。

077. 规模远大与综理密微不可缺一

常人办事，极易流于两端。志向远大、气识宏阔者，难免眼高手低，处理具体事务的才力较弱；而办事有条理、细致周详者，若囿于事务，又极易流于委琐。曾国藩在这封信中强调“规模远大与综理密微”二者缺一不可，讲的就是这个道理。

原文

古之成大事者，规模远大与综理密微二者阙一不可。……但讲阔大者，最易混入散漫一路。遇事颟顸[1]，毫无条理，虽大亦奚足贵[2]？等差不紊，行之可久。斯则器局宏大，无有流弊者耳！咸丰七年十月初四日《致沅弟》

注释

1 **颟顸**（mān hān）：不明事理，漫不经心，糊涂而马虎。

2 **奚足贵**：奚，同“何”。即何足贵。

078. 以“平和”二字互勉

曾国藩强调：涉世、养德、保身，为人生之三大端。而胸中平和、通畅旷达，实为三者之基础。这是封建士大夫立身处世的基本准则。

原文

大抵胸多抑郁，怨天尤人，不特不可以涉世，亦非所以养德；不特无以养德，亦非所以保身。中年以后，则肝肾交受其病。……故于两弟时时以平和二字相勖[1]，幸勿视为老生常谈。咸丰八年三月三十日《致沅弟》

注释

1 **勖**（xù）：勉励。

079．居安应思危

居安思危是曾国藩向来用以明哲保身之道，同时也是他这一思想凡事留有余地一贯主张的体现。

原文

弟克复两省，勋业断难磨灭，根基极为深固。但患不能达，不患不能立；但患不稳适，不患不峥嵘。此后总从波平浪静处安身，莫从掀天揭地处着想。吾亦不甘为庸庸者，近来阅历万变，一味向平实处用功。非委靡也，位太高，名太重，不如是，皆危道也。同治六年正月二十二日《致沅弟》

080．教子侄当引入正大一路

曾国藩在篇中重点阐述的是“无自置私田之理”和“好积私财者

为将败之征”的道理。告诫他的弟弟们应当将子侄辈引入“正大一路”，从小教导他们摒弃斤斤计较、目光短浅、气量狭窄这种种不良习气，树立起彼此和睦、淡泊名利、奋发向上、自立自强的好风尚。尽管篇中夹杂着“宿命论”和“男尊女卑”等封建性的糟粕，但某些富于哲理的家教言论仍有启迪意义。

原文

闻屡次长夫言及我家去年在衡阳五马冲[1]买田一所，系国藩私分等语。并云系澄侯弟玉成其事。国藩出仕二十年，官至二品，封妻荫子，且督师于外，薄有时名。今父亲与叔父尚未分析[2]，两世兄弟怡怡一堂，国藩无自置私田之理。……此风一开，将来澄弟必置私产于暮下[3]，温弟必置私产于大步桥，植弟、季弟必各置私产于中沙、紫甸等处，将来子孙必有轻弃祖居而移徙外家者。昔祖父在时，每讥人家好积私财者为将败之征。……内子[4]女流不明大义，纪泽儿年幼无知，全仗诸弟教训，引入正大一路。若引之入于鄙私一路，则将来计较锱铢，局量日窄，难可挽回。子孙之贫富，各有命定。命果应富，虽无私产亦必自有饭吃；命果应贫，虽有私产多于五马冲倍蓰什佰[5]，亦仍归于无饭可吃。兄阅历数十年，于人世之穷通得失思之烂熟。兹特备陈大略，求澄侯弟将五马冲田产为我设法出脱。或捐作元吉公祭田，或议作星冈公祭田[6]，或转售他人，以钱项备家中日用之需。但使不为我私分之田，并不为父亲私分之田，则我之神魂为之少安，心志为之少畅。

咸丰五年十二月初一日《致澄弟温弟沅弟季弟》

注释

1 **五马冲**：地名。

2 **分析**：分家析产。

3 **暮下**：地名。下文“大步桥”“中沙”“紫甸”亦同。

4 **内子**：旧时对自己妻子的称呼。

5 **倍蓰（xǐ）什佰**：即一倍五倍十倍百倍之意。

6 **祭田**：其收益用于祭祀的田产。

081. 教子侄应以习劳苦为第一要义

曾国藩在篇中反复叮咛他的几位弟弟，一定要力戒“安逸偷惰”，始终以“寒素家风”自持。这一观点，今天仍值得借鉴。

原文

甲三、甲五等兄弟[1]，总以习劳苦为第一要义。正当乱世，居家之道，不可有余财，多财则终为患害。又不可过于安逸偷惰。如由新宅至老宅，必宜常常走路，不可坐轿骑马。又常常登山，亦可以练习筋骸[2]。仕宦之家，不蓄积银钱，使子弟自觉一无可恃，一日不勤，则将有饥寒之患，则子弟渐渐勤劳，知谋所以自立矣。咸丰五年八月二十七日《致澄弟温弟沅弟季弟》

注释

1 **甲三、甲五等兄弟：**曾国藩的儿子和曾国潢的儿子等。

2 **练习筋骸：**泛指锻炼身体，磨炼意志。

082. 对子侄辈应教之以礼

曾国藩在篇中虽然讲的仍是家庭琐事，但这种从小事中见家风，从有形中见无形，正说明了曾国藩治家的良苦用心。

原文

后辈子侄，总宜教之以礼。出门宜常走路，不可动用舆马[1]，长其骄惰之气。一次姑息，二次、三次姑息，以后骄惯则难改，不可不慎。
咸丰八年八月二十二日《致澄弟季弟》

注释

1 **舆马**：车马。

083. 与人交往应酬须讲究礼节

曾国藩在篇中特别强调与人交往必须讲究礼节，缺乏这一点即使对人真心真意也可能收不到好效果。这里实际上说的是动机与效果，主观出发点与客观的方式方法相互统一的问题。

原文

凡与人晋接周旋，若无真意，则不足以感人；然徒有真意而无文饰以将之[1]，则真意亦无所托之以出，《礼》所称无文不行也。余生平不讲文饰，到处行不动，近来大悟前非。弟在外办事宜随时斟酌也。
咸丰八年正月十四日《致沅弟》

注释

1 **文饰**：文采；修饰。也指礼节仪式。**将**：领；出；带。

084. 不可倚势骄人

人贵有自知之明。得意时多看到自己的短处，失意时多看到自己的长处，这就叫胜不骄、败不馁。1854 年，曾国藩 44 岁，正是春风得意之时，故信中有“余德薄能鲜，而享天下之大名”的喟叹。曾国藩较一般人清醒之处就在于此时仍总觉名实“不称”，故不敢“稍涉骄奢”，并进一步要求诸弟子侄也要“俭于自奉”。不管曾国藩当时出于何种动机，其“不可倚势骄人”的态度总是难得的。

原文

军中银钱，余不敢妄取丝毫也。名者，造物[1]所珍重爱惜，不轻以予人者。余德薄能鲜，而享天下之大名，虽由高曾祖父累世积德所致，而自问总觉不称，故不敢稍涉骄奢。家中自父亲、叔父奉养宜隆外，凡诸弟及吾妻吾子吾侄吾诸女侄女辈，概愿俭于自奉[2]，不可倚势骄人。古人谓无实而享大名者，必有奇祸。吾常常以此儆惧，故不能不详告贤弟，尤望贤弟时时教诫吾子吾侄也。咸丰四年十一月二十三日《致澄弟温弟沅弟季弟》

注释

1 **造物：**创造万物。此处指造物主。

2 **自奉：**自己给自己的东西。此处指用于自身日常生活的物品。

085. 存倔强以励志

曾国藩毕生的军事与学术的成就，离不开“倔强”二字。因此他在这篇家训中，反复教诫自家兄弟：“倔强”二字不可少，必须“存倔强以励志”。

原文

至于倔强二字，却不可少。功业文章，皆须有此二字贯注其中，否则柔靡不能成一事。孟子所谓至刚，孔子所谓贞固，皆从倔强二字做出。吾兄弟皆禀母德居多，其好处亦正在倔强。若能去忿欲以养体，存倔强以励志，则日进无疆矣。同治二年正月二十日《致沅弟》

086. 重在有豁达光明之识

在这篇家训中，曾国藩谆谆教诫其弟：一定要具备气度开阔、光明正大之见识，而后才会有安静闲适、淡泊和顺之旨趣。

原文

自古圣贤豪杰、文人才士，其志事不同，而其豁达光明之胸大略相同。以诗言之，必先有豁达光明之识，而后有恬淡冲融之趣。同治二年三月二十四日《致沅弟》

087. 凡事非气不举，非刚不济

在这篇家训中，曾国藩总结的凡事“以明强为本”“非气不举，非刚不济”，这既是曾氏兄弟立身行事的真实写照，又对后世具有一定的启迪。

原文

至于担当大事，全在明强二字。……弟向来倔强之气，却不可因位高而顿改。凡事非气不举，非刚不济，即修身齐家，亦须以明强为本。同治二年四月二十七日《致沅弟》

088.“强”字须从“明”字做出，不可屈挠

如在前面好几篇家训中，曾国藩曾反复教诫自家兄弟必须懂得“明强二字断不可少”。在这篇家训中，又做了一些修正和补充，即“强字须从明字做出”，然后才能始终不退缩和屈服。这充分反映出曾国藩平时对“明强”二字看得很重，而且认识也在不断地加深。

原文

强字原是美德，余前寄信亦谓明强二字断不可少。第强字须从明字做出，然后始终不可屈挠。若全不明白，一味横蛮，待他人折之以至理，证之以后效，又复俯首输服，则前强而后弱，京师所谓瞎闹者也。余亦并非不要强之人，特以耳目[1]太短，见事不能明透，故不肯轻于一发耳。又吾辈方鼎盛之时，委员[2]在外，气焰熏灼[3]，言语放肆，往往令人难近。吾辈若专尚强劲，不少敛抑，则委员仆从等不闹大祸不止。同治二年七月十一日《致沅弟》

注释

1 **耳目**：视听。

2 **委员**：委派人员。

3 **熏灼**：喻气焰逼人。

089. 男儿自立须有倔强之气

曾国藩谆谆告诫自家弟弟：男儿要自立，必须克服“懦弱无刚”

的毛病，必须具备倔强的气质。

原文

吾家祖父教人，亦以懦弱无刚四字为大耻。故男儿自立，必须有倔强之气。同治三年六月十六日《致沅弟》

090. 能屈能伸的秘诀在于一个“悔”字

曾国藩在篇中反复强调，一个人在志得意满之时，还须抽身退步，闭门思过，以能立能达为体，不怨不尤为用，方能在人世间站得住、行得通，其聪明才智才能发挥出来，事业才有所成。这一思想观点在今天仍有借鉴意义。

原文

兄自问近年得力[1]惟有一悔字诀。兄昔年自负本领甚大，可屈可伸，可行可藏，又每见得人家不是。自从丁巳、戊午大悔大悟之后，乃知自己全无本领，凡事都见得人家有几分是处。故自戊午至今九载，与四十岁以前迥不相同，大约以能立能达为体，以不怨不尤[2]为用。立者，发奋自强，站得住也；达者，办事圆融，行得通也。吾九年以来，痛戒无恒之弊。看书写字，从未间断，选将练兵，亦常留心。此皆自强能立工夫。奏疏公牍，再三斟酌，无一过当之语自夸之词。此皆圆融能达工夫。至于怨天本有所不敢，尤人则常不能免，亦皆随时强制而克去之。弟若欲自儆惕[3]，似可学阿兄丁、戊二年之悔，然后痛下箴砭[4]，必有大进。……默存一悔字，无事不可挽回也。同治六年正月初二日《致沅弟》

注释

1 **得力**：得到助力。后常指能干，有所作为。

2 **尤**：指责；归罪。

3 **儆惕**：即警惕。

4 **箴砭**：砭，古代治病的石针。以诊治病痛，比喻指出纠正错误。后引申为规谏之意。

091. 应牢记“悔”字“硬”字诀

曾国藩在这里所说的“逆来顺受”，并不只是消极地退让、忍受，而是积极地以退为进，蓄势待发。这种对待逆境的态度，是一种乐观、积极的处世观。

原文

弟当此百端拂逆[1]之时，又添此至交龃龉[2]之事，想心绪益觉难堪。然事已如此，亦只有逆来顺受之法，仍不外悔字诀、硬字诀而已。

朱子尝言：悔字如春，万物蕴蓄初发；吉字如夏，万物茂盛已极；吝字如秋，万物始落；凶字如冬，万物枯凋。又尝以元字配春，亨字配夏，利字配秋，贞字配冬。兄意贞字即硬字诀也。弟当此艰危之际，若能以硬字法冬藏之德，以悔字启春生之机，庶几可挽回一二乎？同治六年三月初二日《致沅弟》

注释

1 **拂逆**：即不利之事。

2 **龃龉**（jǔ yǔ）：上下牙齿对不上，比喻意见不合，相抵触。

092. 应视富贵功名为浮荣

在这篇家训中，曾国藩鼓励自家兄弟务必要努力做到少一分富贵功名念头，多一分胸怀博大。这一点至今仍有一定的现实意义。

原文

富贵功名皆人世浮荣[1]，惟胸次浩大是真正受用[2]。余近年专在此处下功夫，愿与我弟交勉[3]之。同治三年正月二十六日《致沅弟》

注释

1 **浮荣**：虚荣。

2 **胸次**：胸怀。 **受用**：好处；利益。

3 **交勉**：互相勉励。

093. 当思雪我“三耻”

曾国藩对子女要求十分严格，然而又绝不是一味呵责。在这封家信里，他以平等的态度向儿子纪泽抖出了自己的平生“三耻”。紧接着，他以探讨的口吻诱导儿子从“天文算学”“作事治业”“学书作字”三方面特别去努力，弥补自己在这几个方面的缺憾。那么，现今做父母的，当我们在发现自己的儿女不够争气的时候，一联想到这些，是不是也能平等地坐到一块去，同儿女交心谈心呢？

原文

余生平有三耻：学问各途，皆略涉其涯涘[1]，独天文算学，毫无所知，虽恒星五纬[2]亦不识认，一耻也；每作一事，治一业，辄有始无终，二耻也；少时作字，不能临摹一家之体，遂致屡变而无所成，迟钝而不适于用，近岁在军，因作字太钝，废阁[3]殊多，三耻也。尔若为克家之子[4]，当思雪此三耻。推步算学，纵难通晓，恒星五纬，观认尚易。家中言天文之书，有《十七史》中各天文志，及《五礼通考》[5]中所辑观象授时一种。每夜认明恒星二三座，不过数月，可毕识矣。凡作一事，无论大小难易，皆宜有始有终。作字时，先求圆匀，次求敏捷。若一日能作楷书一万，少或七八千，愈多愈熟，则手腕毫不费力。将来以之为学，则手钞群书，以之从政，则案无留牍[6]。无穷受用，皆自写字之匀而且捷生出。三者皆足弥吾之缺憾矣。咸丰八年八月二十日《谕纪泽》

注释

1 **涯涘**（sì）：水边，泛指边缘。

2 **五纬**：指五大行星。纬，行星的古称。

3 **阁**：同“搁”，停止。

4 **克家之子**：指能继承祖先事业的子弟。

5 **《五礼通考》**：书名。清代学者秦蕙田撰。

6 **牍**（dú）：文件。

094. 从“畏”“慎”二字痛下功夫

曾国藩历来小心谨慎。所以在这篇家训中，他一方面自己进行现身说法，回顾自己在从“畏”“慎”二字当中培养出刚毅之气方面，只是想到并没做到；另一方面教诫自家兄弟，要从“畏”“慎”二字痛下功夫，并谆谆教导要畏天命、畏人言、畏君父训诫。

原文

余自经咸丰八年一番磨炼，始知畏天命、畏人言、畏君父之训诫，始知自己本领平常之至。……近岁思于畏慎二字之中养出一种刚气来，惜或作或辍，均做不到。……弟经此番裁抑[1]磨炼，亦宜从畏慎二字痛下功夫。畏天命，则于金陵之克复付诸可必不可必之数，不敢丝毫代天主张。且常觉我兄弟菲材[2]薄德，不配成此大功。畏人言，则不敢稍拂舆论。畏训诫，则转以小惩为进德之基。同治二年九月十一日《致沅弟》

注释

1 **裁抑**：反省克制。

2 **菲材**：微薄之材。

095. 一定要以谦让相诫

曾国藩在这篇家训中，强调不把功劳归于自己，固然有他当时的苦衷；不把功劳归于自己而要谦让的道理，时至今日仍有启迪意义。

原文

城事[1]果有可望，大慰大慰。此皆圣朝之福，绝非吾辈为臣子者所能为力。不特余之并未身临前敌者不敢涉一毫矜张[2]之念，即弟备尝艰苦，亦须知谋事在人，成事在天，劳绩在臣，福祚在国之义。……蕴蓄于方寸者既深，则侥幸克城之日，自有一段谦光见于面而盎[3]于背。至要至要。同治三年正月二十三日《致沅弟》

注释

1 **城事**：指攻破金陵城一事。

2 **矜张**：骄傲自负。

3 **盎**：充盈。

096. 应听得进逆耳之言

在这篇家训中，曾国藩一则从正面引导自家兄弟务必懂得凡办大事，要以识为主，以才为辅；再则又从侧面婉转地批评自家兄弟，不听兄长劝诫之言，不平心考虑外间的逆耳之言。这种从正、反两个方面教育兄弟子侄的做法，是值得今天的人们效法的。

原文

凡办大事，以识为主，以才为辅；凡成大事，人谋居半，天意居半。……君子大过人处，只在虚心而已。不特吾之言当细心寻绎[1]，凡外间有逆耳之言，皆当平心考究一番。逆耳之言随时随事皆有。……故古人以居上位而不骄为极难。同治二年七月二十一日《致沅弟》

注释

1 **寻绎**：推求；探索。

097. 有福不享尽，有势不使尽

在这篇家训中，曾国藩凭着多年来的经验阅历和敏锐的政治眼光，谆谆教诫弟弟“有福不可享尽，有势不可使尽”。这样，福可享受长久，权势也可以保留长久。

原文

余蒙先人余荫忝[1]居高位，与诸弟及子侄谆谆[2]慎守者但有二语，曰“有福不可享尽，有势不可使尽”而已。福不多享，故总以俭字为主，少用仆婢，少花银钱，自然惜福矣；势不多使，则少管闲事，少断是非，无感者亦无怕者，自然悠久矣。同治三年六月初四日《致澄弟》

注释

1 **忝**：有愧于，用作谦辞。

2 **谆谆**：忠谨诚恳貌。

098. 互相劝诫以保善终

曾国藩平时最担心的是难以保全善终。因此他除了自己在说话做事方面表现出诚惶诚恐、小心翼翼之外，还常常以危词苦语，劝诫弟弟们收敛，以免出现大的过失，造成大的危害。

原文

至阿兄忝窃高位，又窃虚名，时时有颠坠之虞[1]。吾通阅古今人物，似此名位权势，能保全善终者极少。深恐吾全盛之时，不克庇荫弟等，吾颠坠之际，或致连累弟等，惟于无事时，常以危词苦语，互相劝诫，庶几免于大戾。同治元年六月二十日《致沅弟》

注释

1 **颠坠**：倾跌。 **虞**：忧虑。

099. 要重视外间指摘和批评

曾国藩的弟弟们认为外间疑忌之言不应相信，也不应相告。曾国藩很不以为然。他反复教诫弟弟对于外间指摘，宜抑然自修，而不宜悍然不顾。这种观点时至今日仍值得重视。

原文

外间指摘吾家昆弟[1]过恶，吾有所闻，自当一一告弟，明责婉劝，有则改之，无则加勉，岂可秘而不宣[2]？同治元年六月二十日《致沅弟》

注释

1 **昆弟**：兄弟。

2 **秘而不宣**：隐秘而不对外讲。

100. 凡事当量而后入

曾国藩在篇中继上封家书之后，谆谆告诫诸弟于进退之间宜“早自审度，量而后入”。想出外“做事”，就一定要立志把事情做好，千难万难，都应任劳任怨，绝不可存“畏缩趋避之念”。在这里，充分体现出曾国藩讲求实际的思想。

原文

兵凶战危，一经带勇，则畏缩趋避之念决不可存。兵端未息，恐非二三年所能扫除净尽，与其从事之后而进退不得自由，不如早自审度，量而后入，想诸弟亦必细心筹维[1]也。咸丰五年十一月初四日《致澄弟温弟沅弟季弟》

注释

1 **筹维**：谋划思考。

101．和气致祥，乖气致戾

曾国藩在这封家书中虽体现出因果报应的迷信的一面，但“和气致福，不和招祸”的基本思想是有道理的。至于“少劳而老逸犹可，少甘而老苦则难”的观点，更是极有见地的。

原文

温弟少时性情高傲，未就温和，故吾以温甫字之。六年，在瑞州相见，则喜其性格之大变，相亲相友，欢欣和畅。去年在家，因小事而生嫌衅[1]，实吾度量不闳[2]，辞气不平，有以致之，实有愧于为长兄之道。千愧万悔，夫复何言！……

去年我兄弟意见不和，今遭温弟之大变。和气致祥，乖气致戾[3]，果有明征[4]。嗣后我兄弟当以去年为戒，力求和睦。……吾家后辈子女皆趋于逸欲奢华，享福太早，将来恐难到老。嗣后诸男在家勤洒扫，出门莫坐轿；诸女学洗衣，学煮菜烧茶。少劳而老逸犹可，少甘而老苦则难矣。咸丰八年十一月十二日《致澄弟沅弟季弟》

注释

1 **嫌衅**：由猜疑而形成的隔阂。

2 **闳**：宏大；宽广。

3 **乖气致戾**（lì）：不和招祸。

4 **征**：证明；证验。

102. 开口议人短长即是极骄极傲之表现

曾国藩兄弟五人，只有曾国潢（澄侯）经常居家，料理家务。曾国藩从他几次来信感觉到他的骄傲之气，对之自然有所警觉，由批评他进而想到家中诸子侄，因而一针见血地指出："开口议人短长，即是极骄极傲。"

原文

弟言家中子弟无不谦者，此却未然，余观弟近日心中即甚骄傲。凡畏人，不敢妄议论者，谦谨者也；凡好讥评人短者，骄傲者也。弟于营中之人，如季高、次青、作梅、树堂[1]诸君子，弟皆有信来讥评其短，且有讥至两次三次者。营中与弟生疏之人，尚且讥评，则乡间之与弟熟识者，更鄙睨嘲斥[2]可知矣。弟尚如此，则诸子侄之藐视一切、信口雌黄可知矣。谚云："富家子弟多骄，贵家子弟多傲。"非必锦衣玉食、动手打人而后谓之骄傲也，但使志得意满毫无畏忌开口议人短长，即是极骄极傲耳。咸丰十一年二月初四日《致澄弟》

注释

1 **季高、次青、作梅、树堂**：分别指湘军将领及曾国藩幕僚左宗棠、李元度、陈鼐、冯卓怀。

2 **鄙睨**（nì）**嘲斥**：轻薄嘲笑别人、颐指气使的样子。

103. 应力戒牢骚

曾国藩在这封家书中谈到必须从“反躬自思”“猛然内省”去戒除牢骚。这一观点在今天也是可取的。

原文

温弟天分本甲于诸弟，惟牢骚太多，性情太懒。前在京华不好看书，又不作文，余心即甚忧之。近闻还家以后，亦复牢骚如常，或数月不搦管[1]为文。吾家之无人继起，诸弟犹可稍宽其责，温弟则实自弃，不得尽诿其咎于命运。吾尝见友朋中牢骚太甚者，其后必多抑塞[2]……盖无故而怨天，则天必不许；无故而尤人，则人必不服。感应之理，自然随之。温弟所处，乃读书人中最顺之境，乃动则怨尤满腹，百不如意，实我之所不解。以后务宜力除此病……凡遇牢骚欲发之时，则反躬自思：吾果有何不足而蓄此不平之气？猛然内省，决然去之。不惟平心谦抑，可以早得科名，亦且养此和气，可以消减病患。咸丰元年九月初五日《致澄弟温弟沅弟季弟》

注释

1 **搦（nuò）管**：执笔。

2 **抑塞**：阻塞；屈滞。多指仕途挫折和失意。

104. 力戒长傲多言

这封家书的可取之处在于从根本上指出了克服“长傲”和“多

言”这两大弱点的途径。一般的谨言慎行还不是解决问题的根本，关键是要自省、自知。“凡心中不可有所恃，心有所恃则达于面貌”，或言语伤人，或盛气凌人。真正认识到自己本无过人之处，虚心向下，谨言慎行也就是顺理成章的事了。

原文

古来言凶德致败者约有二端：曰长傲[1]，曰多言。丹朱[2]之不肖，曰傲曰嚣讼[3]，即多言也。历观名公巨卿，多以此二端败家丧生。余生平颇病执拗，德之傲也；不甚多言，而笔下亦略近乎嚣讼。静中默省愆尤[4]，我之处处获戾[5]，其源不外此二者。温弟性格略与我相似，而发言尤为尖刻。凡傲之凌物，不必定以言语加人，有以神气凌之者矣，有以面色凌之者矣。……凡心中不可有所恃，心有所恃则达于面貌。以门地言，我之物望大减，方且恐为子弟之累；以才识言，近今军中炼出人才颇多，弟等亦无过人之处。皆不可恃。只宜抑然自下，一味言忠信行笃敬，庶几可以遮护旧失、整顿新气。否则，人皆厌薄之矣。

咸丰八年三月初六日《致沅弟》

注释

1 **长傲**：恃长傲物。凭自己的长处而看不起别人。

2 **丹朱**：人名。尧的儿子，人品和才能均不好，所以尧将皇位禅让给舜。

3 **嚣**（xiāo）**讼**：奸诈而好打官司。

4 **愆**（qiān）**尤**：过失。

5 **获戾**：获罪；被人怪罪。戾，罪；罪过。

105. 应力戒傲惰

曾国藩提出：庸人以惰字致败，才人以傲字致败，很有道理。如何从根本上戒除傲惰二气，至今仍值得我们每个人深思。

原文

弟军中诸将有骄气否？弟日内默省，傲气少平得几分否？天下古今之庸人，皆以一惰字致败；天下古今之才人，皆以一傲字致败。吾因军事而推之，凡事皆然，愿与诸弟交勉之。……然吾但从傲惰二字痛下工夫，不问人之骂与否也。咸丰十年九月二十三日《致沅弟》

106．应以“勤”“敬”二字为法

勤以律己，敬以待人，便是修身、齐家的根本。曾国藩在篇中具体解释，勤则百业兴旺，敬则温良恭谨，以“勤敬”二字为法，任何时候都是可取的。这一观点在经济高度发达的今天，其现实启迪意义是十分明显的。

原文

家中兄弟子侄，总宜以勤敬二字为法。一家能勤能敬，虽乱世亦有兴旺气象；一身能勤能敬，虽愚人亦有贤智风味。吾生平于此二字少工夫，今谆谆以训吾昆弟子侄，务宜刻刻遵守。咸丰四年七月二十一日《致澄弟温弟沅弟季弟》

107．处世为人理应与人为善

曾国藩在儿子面前既是长者，又是朋友。在这里，他细心而又平和地教导儿子要乐于培育各个小弟，要热心帮助别人进步，要把自己弄得明白的地方告诉别人以求得共同的进步。

原文

尔为下辈之长，须常常存个乐育诸弟之念。君子之道，莫大乎与人为善，况兄弟乎？临三、昆八，系亲表兄弟，尔须与之互相劝勉。尔有所知者，常常与之讲论，则彼此并进矣。咸丰八年十月二十五日《谕纪泽》

108. 处世须以“谦”“谨”二字为主

曾国藩在这篇家信中郑重其事地告诫儿子，处世一定要以“谦”“谨”二字为主。正因为“世家子弟，门第过盛，万目所属”，更应当严格要求。“场前不可与州县来往，不可送条子”，即主张不要“走后门”。这在当时是难能可贵的。

原文

尔在外以谦谨二字为主，世家[1]子弟，门第过盛，万目所属[2]。临行时，教以三戒之首，末二条及力去傲惰之弊，当已牢记之矣。场前不可与州县来往，不可送条子，进身之始，务知自重。同治三年七月初九日《谕纪鸿》

注释

1 **世家**：古称世代显贵的家族为世家。

2 **属**：通“瞩”。即注目，注视。

109. 宜力戒“骄”“奢”二字

曾国藩在日常生活中，对“骄”“奢”二字很有警惕性，并经常给儿子们敲警钟。特别是目睹京师子弟许多由于“骄”“奢”而变坏，更叮嘱儿子们引以为戒。

原文

世家子弟最易犯一奢字、傲字。不必锦衣玉食[1]而后谓之奢也，但使皮袍呢褂俯拾即是，舆马[2]仆从习惯为常，此即日趋于奢矣。见乡人则嗤[3]其朴陋，见雇工则颐指气使，此即日习于傲矣。……京师子弟之坏，未有不由于骄、奢二字者，尔与诸弟其戒之。……咸丰六年十一月初五日《谕纪泽》

注释

1 **锦衣玉食**：华美的衣食。

2 **舆马**：车马。

3 **嗤**（chī）：讥笑。

110.“勤”“敬”二字断不可忽视

曾国藩在这封家信中具体入微地教导儿子对长辈一定要做到孝顺敬重，不应有半点悖逆行为，还勉励儿子补偿做父亲的在家里感到惭愧和懊悔的地方。他的这种教育方法，今天做父母的和做儿女的都应当从中得到启发。

原文

接尔元夕[1]禀，知叔父大人病极沉重。余未在家，尔宜常至白玉堂服侍汤药[2]，勤敬二字断不可忽。若在老宅而有倦色有肆容[3]，则与不去无异。余往年在外多愧悔之端，近两年补救不少。至在家亦有可愧悔者，儿为我补救可也。澄叔分居上腰里[4]，应用粗细家皿须由下腰里分去。尔禀母亲雇工陆续送去。尔至长沙看贺岳母，须待叔祖病减乃去，禀商澄、沅两叔父遵行。咸丰十年二月初四日《谕纪泽》

注释

1 **元夕**：农历正月十五日，旧称上元，上元之夕叫元夕，即元宵。

2 **汤药**：中药的汤剂。

3 **老宅**：此指曾家“白玉堂”老屋。 **倦色**：厌倦的神色。 **肆容**：放肆的仪态。

4 **上腰里**：指曾家附近一地名。

111.“劳”字“俭”字是最好的安身之法

银钱少“可免祸”，用度省“可养福”；坚持“劳俭”是最好的“安身之法”。如果没有一定的经验阅历，没有一定的远见卓识，是提不出来这种见解的。

原文

处兹[1]乱世，银钱愈少，则愈可免祸；用度[2]愈省，则愈可养福。尔兄弟奉母，除劳字俭字之外，别无安身之法。咸丰十一年三月十三日《谕纪泽纪鸿》

注释

1 **兹**：这个。

2 **用度**：费用；开销；花销。

112. 应教子侄以勤谦自任

曾国藩在篇中提出，力戒骄奢淫逸，必须从正面下功夫。这一思想是很有积极意义的。

原文

家中万事，余俱[1]放心，惟子侄须教一勤字一谦字。谦者骄之反也，勤者佚之反也。骄奢淫佚四字，惟首尾二字尤宜切戒。咸丰十年十一月十四日《致澄弟》

注释

1 **俱**：都；全。

113. 要成大器须谨守俭朴

此篇写作宗旨是教育儿辈只有谨守“俭朴”二字才能成大器；反之，则难以有成就。

原文

凡世家子弟衣食起居，无一不与寒士相同，庶可以成大器；若沾染富贵气习，则难望有成。吾忝为将相，而所有衣服不值三百金[1]。愿尔等常守此俭朴之风，亦惜福之道也。同治元年五月二十七日《谕纪鸿》

注释

1 **三百金**：此处指三百两银子。

114. 悉心体会八种德行

曾国藩曾悉心体会勤、俭、刚、明、忠、恕、谦、浑这八种德行。正因为此，此八德十分重要，所以他既曾“向纪泽说过”，又要求“转告与纪鸿”。也正因为此“八德”十分重要，他叮嘱儿子能就其中“体会一二字，便有日进之象”。诚然，今天的道德标准同昔日的道德标准大不一样，但曾国藩倡导的“八德”仍然不乏可取的东西。

原文

余近年默省[1]之勤、俭、刚、明、忠、恕、谦、浑[2]八德，曾为泽儿言之，宜转告与鸿儿，就中能体会一二字，便有日进之象。泽儿天资聪颖，但嫌过于玲珑剔透，宜从浑字上用些工夫。鸿儿则从勤字上用些工夫。用工不可拘苦，须探讨些趣味出来。同治五年三月十四日《谕纪泽纪鸿》

注释

1 **省**：察看；反省。

2 **浑**：浑厚；淳朴。

115. 有国有家之兴皆由克勤克俭所致

曾国藩凭着自己的经验阅历清醒地懂得，勤俭能使有国有家者走向兴盛，不勤不俭能使有国有家者走向衰落。他用历史上这个经验教训来反观自己，自己实际上既不够“勤”，也不够“俭”。更重要的是，他通过对自己所经历的事进行分析，得出了“由俭入奢易于下水”和“由奢反俭难于登天”这一发人深省的结论。

原文

历览有国有家之兴，皆由克勤克俭[1]所致。其衰也，则反是。余生平亦颇以勤字自励，而实不能勤。故读书无手抄之册，居官无可存之牍。生平亦好以俭字教人，而自问实不能俭。今署中内外服役之人，厨房日用之数，亦云奢矣。……由俭入奢易于下水，由奢反俭难于登天。同治九年六月初四日《谕纪泽纪鸿》

注释

1 **克勤克俭：**能勤劳而节俭。

116. 每日以四课相勉励

在这封家信中，曾国藩要求曾纪泽兄弟以慎独、主敬、求仁、习劳四课相勉。并且具体规定，每夜以此四条相课，每月以此四条相戒。且令诸侄共守，全家共守，以期收到更大的成效。

原文

一曰慎独[1]则心安。自修之道，莫难于养心。……故能慎独，则内省不疚，可以对天地质[2]鬼神，断无行有不慊于心则馁之时[3]。人无一内愧之事，则天君泰然[4]，此心常快足宽平，是人生第一自强之道，第一寻乐之方，守身[5]之先务也。

二曰主敬则身强。敬之一字，孔门持以教人，春秋士大夫亦常言之，至程朱则千言万语不离此旨。内而专静纯一，外而整齐严肃，敬之工夫也；出门如见大宾，使民如承大祭，敬之气象也；修己以安百姓，笃恭而天下平，敬之效验也。……

三曰求仁则人悦。凡人之生，皆得天地之理以成性，得天地之气以成形，我与民物，其大本乃同出一源。……孔门教人，莫大于求仁，而其最切者，莫要于欲立立人、欲达达人[6]数语。……

四曰习劳则神钦[7]。凡人之情，莫不好逸而恶劳，无论贵贱智愚老少，皆贪于逸而惮于劳，古今之所同也。人一日所着之衣所进之食，与一日所行之事所用之力相称，则旁人韪[8]之，鬼神许之，以为彼自食其力也。若农夫织妇终岁勤动，以成数石之粟数尺之布，而富贵之家终岁逸乐，不营一业，而食必珍羞[9]，衣必锦绣，酣豢[10]高眠，一呼百诺[11]，此天下最不平之事，鬼神所不许也，其能久乎？同治九年十一月初二日《谕纪泽纪鸿》

注释

1 **慎独**：在独处时能谨慎庄重。

2 **质**：通“诘”。询问，质正。

3 **不慊**（qiè）：不满意。 **馁**：空虚。

4 **天君**：指心。古人以心为五种感觉器官的主宰。 **泰然**：安详闲适貌。

5 **守身**：洁身自爱。

6 **欲立立人、欲达达人**：全文见《论语·雍也》：“夫仁者，己欲立而立人，己欲达而达人。”其意是说，欲使自己自立，亦要使人得以自立；欲使自己通达，亦要使人得以通达。

7 **神钦**：鬼神钦佩。

8 **韪**（wěi）：是。

9 **珍羞**：珍贵的食物。

10 **酣豢**：酣，尽情。豢，本指饲养牲畜，可引申为饵人以利。酣豢可理解为尽情地玩耍。

11 **一呼百诺**：形容权势显赫，侍从和奉承者众多。

117. 须力行节俭

曾国藩身为朝廷重臣，手中实权在握，竟然入不敷出，“亦将欠债”，并再三叮嘱家人要力行节俭以不致亏空，这在一般人看来是不可思议的事情。然而，这却是实实在在的一个“廉”字。这个“廉”字，作为封建士大夫的曾国藩做到了，与今天那些利用职权大捞钱财而中饱私囊的“蛀虫”，形成了鲜明的对照。

原文

余合室小大平安。惟署中所用弁[1]仆妪婢等太多，食口众，则用度浩繁。又兼治病医药，百端奢靡，入少出多，江督岁中进款竟不敷一岁之用。曩[2]者尝怪澄弟日用太侈，不能节俭，以致欠债甚巨。今余亦因用度不俭，亦将欠债，深为可讶。……近嘱戒纪泽等必须从上房、厨房两处节省，而后不至亏空。澄弟负累本重，沅弟亦无源之水，以后三家均须力行节俭。余平日自誓不欲身后多留余财，亦不宜留债与后人耳。同治十年四月初七日《致澄弟沅弟》

注释

1 **弁**（biàn）：本指帽子。因武官服皮弁，故称武官为弁，清代专称低级武官为弁。

2 曩（nǎng）：以往，过去。

118. 切莫买田起屋

曾国藩在篇中把一家的平安与一国的平安联系起来，想自家的安危但首先着眼于国家大局的安危。这一观点能够给人以启迪。当然，他在这里所试图挽回的“大局”指的是封建国家的“大局”，所谓不置田产、不积钱财之类也多有乱世避祸的被动因素。这一点，是需要我们认真加以分析的。

原文

家事有弟照料，余甚可放心，但恐黄金堂买田起屋，以重余之罪戾，则寸心大为不安，不特生前做人不安，即死后做鬼也是不安。特此预告贤弟，切莫玉成黄金堂买田起屋。弟若听我，我便感激尔；弟若不听我，我便恨尔。但令世界略得太平，大局略有挽回，我家断不怕没饭吃。若大局难挽，劫数难逃，则田产愈多指摘愈众；银钱愈多抢劫愈甚，亦何益之有哉？咸丰十年十月初四日《致澄弟》

119. 居屋莫太宏丽

曾国藩在篇中阐述了盖房建屋不要太大太华丽的两条理由是：乱世居家，不可过于张扬；大手大脚，大操大办，超出一般人的水平违背了勤朴持家的宗旨。这其中除了消极避世、明哲保身的因素之外，力求俭朴的内容则具有借鉴意义。

原文

沅弟所画屋样，余已批出。若作三代祠堂，则规模不妨闳大；若另起祠堂于雷家湾，而此仅作住屋，则不宜太宏丽。盖吾邑[1]带勇诸公，置田起屋者甚少，峙衡[2]家起屋亦乡间结构耳。我家若太修造壮丽，则沅弟必为众人所指摘，且乱世而居华屋广厦，尤非所宜。咸丰九年元旦《致澄弟沅弟季弟》

注释

1 **邑**：指县。

2 **峙衡**：指湘军将领刘峙衡。

120. 蔬、竹、鱼、猪四事须时时讲究

曾国藩官至二品，以军务繁冗之身，却将蔬、竹、鱼、猪这类家庭琐事看得非常重要，并把它与家庭之“兴衰气象”联系在一起阐述问题，这也许正是曾国藩善于“从大处着眼，从小处着手”的过人之处。

原文

家中种蔬一事，千万不可怠忽。屋门首塘养鱼，亦有一种生机。养猪亦内政之要者。下首台上新竹，过伏天后有枯者否？此四事者，可以觇[1]人家兴衰气象，望时时与朱见四兄熟商。咸丰八年七月二十日《致澄弟季弟》

注释

1 **觇**（chān）：窥视；观测。

121. 应学会收拾条理

曾国藩在这封家书中强调，“勤俭人家气象”绝不是一句空话，应当从一点一滴的小事情做起，如养成爱整洁、好收拾、有条理的习惯。这一观点实际上是对传统家教中“一粥一饭，当思来处不易；半丝半缕，恒念物力维艰”思想的继承和阐发。

原文

我兄弟五人，无一人肯整齐好收拾者，亦不是勤俭人家气象。以后宜收拾完整，可珍之物固应爱惜，即寻常器件亦当汇集品分，有条有理。竹头木屑，皆为有用，则随处皆取携不穷也。咸丰四年五月初九日《致澄弟温弟沅弟季弟》

122. 应以“勤”字报君恩，以“爱民”二字报双亲

曾国藩在这封家书中多少流露出“知其不可为而强为之”的意思，乱世无戡定之理，个人无回天之力，但他认为待人处事总以尽心尽力、无愧无悔为要才是。

原文

默观近日之吏治、人心及各省之督抚将帅，天下似无戡定[1]之理。吾惟以一勤字报吾君，以爱民二字报吾亲。才识平常，断难立功，但守一勤字，终日劳苦，以少分宵旰之忧[2]。行军本扰民之事，但刻刻存

爱民之心，不使先人之积累自我一人耗尽。此兄之所自矢者[3]，不知两弟以为然否？咸丰十年七月十二日《致沅弟季弟》

注释

1 **戡定**：止息平定。

2 **宵旰之忧**：宵衣旰食的辛劳。宵衣旰食：天未明就起床，傍晚才进食，比喻政务辛劳，为美化封建帝王的套语。

3 **自矢者**：自己立下的誓言。

123．“孝友”二字可使家势经久不衰

曾国藩在下述这段富有哲理的文字中，反复强调家势兴衰与个人修身、立志好坏有极其密切的关系。读书不能为了做官，重要的在于知书达礼，做一个好人。这样家庭就会兴旺发达，长久延绵而不致衰败。这一家教观至今仍有启发意义。

原文

吾细思凡天下官宦之家，多只一代享用便尽。其子孙始而骄佚[1]，继而流荡，终而沟壑[2]，能庆延一二代者鲜矣。商贾之家，勤俭者能延三四代；耕读之家，谨朴者能延五六代；孝友之家，则可以绵延十代八代。我今赖祖宗之积累，少年早达，深恐其以一身享用殆尽，故教诸弟及儿辈，但愿其为耕读孝友之家，不愿其为仕宦之家。诸弟读书不可不多，用功不可不勤，切不可时时为科第仕宦起见[3]。若不能看透此层道理，则虽巍科显宦[4]，终算不得祖父之贤肖[5]，我家之功臣。若能看透此道理，则我钦佩之至。道光二十九年四月十六日《致澄弟温弟沅弟季弟》

注释

1 **骄佚**：骄横放肆。

2 **终而沟壑**（hè）：指人死了被弃尸溪谷。

3 **科第**：指科举考试登第。 **仕宦**：指做官。

4 **巍科**：古代科举试时，榜上名排在前列者。 **显宦**：显赫之官。

5 **贤肖**：贤能子孙。

124. “孝友”二字须切实讲求

曾国藩在此篇中殷切希望两个儿子对待叔父、叔母和堂兄弟，要像对待自己的父母和同胞兄弟一样，不要有半点悖逆和怠慢之意。这是因为“家和福自生”。而家庭和睦兴旺的主要根源在于子弟能够做到孝顺父母、亲爱兄弟。这一有关修身齐家的观点，对我们仍有一定的启迪意义。

原文

尔等事两叔如父，事叔母如母，视堂兄弟如手足。……其次则亲之欲其贵，爱之欲其富，常常以吉祥善事代诸昆季默为祷祝，自当神人共钦[1]。温甫、季洪两弟之死，余内省[2]觉有惭德。澄侯、沅甫两弟渐老，余此生不审能否相见。尔辈若能从孝友二字切实讲求，亦足为我弥缝缺憾耳。同治九年六月初四日《谕纪泽纪鸿》

注释

1 **共钦**：共同敬仰。

2 **内省**：内心反省。

125. 家运之兴在于和睦、孝道、勤俭

曾国藩在篇中强调，“谋事在人，成事在天”，真正能做到和睦、孝道、勤俭这三件事，家运没有不兴旺的。这一观点颇具哲理，我们可以吸取其积极的一面。

原文

然祸福由天主之，善恶由人主之。由天主者，无可如何，只得听之；由人主者，尽得一分算一分，撑得一日算一日。吾兄弟断不可不洗心涤虑，以求力挽家运。第一，贵兄弟和睦。……第二，贵体孝道。……第三，要实行勤俭二字。……勤者生动之气，俭者收敛之气。有此二字，家运断无不兴之理。咸丰八年十一月二十三日《致澄弟沅弟季弟》

126. 戒富贵之家不可敬远亲而慢近邻

曾国藩认为，远亲重要，近邻更重要，所以“富贵之家不可敬远亲而慢近邻”。为此，他再三教诫后辈，对近邻酒饭宜松，礼貌宜恭，有可行方便之处不要吝啬。

原文

戒富贵之家不可敬远亲而慢[1]近邻也。我家初移富圫[2]，不可轻慢近邻，酒饭宜松，礼貌宜恭。……除不管闲事、不帮官司外，有可行方便之处，亦无吝也。同治五年十一月二十六日《谕纪泽》

注释

1 **慢**：怠慢；轻慢。

2 **富托**：曾国藩家居之地，名富厚堂。

127. 居家须限定日常用费

曾国藩在此篇中教诫儿子，如果不谨守节俭，再多的银子也会用完，再大的财产也会花光。唯一的办法是把每月的用度限定在一个固定的数目内，并大力推崇节俭的美德，善于操持生活。

原文

在两江[1]交卸时，尚存养廉[2]二万金。在余初意，不料有此，然似此放手用去，转瞬即已立尽。尔辈以后居家，须学陆梭山[3]之法，每月用银若干两，限一成数，另封秤出。本月用毕，只准赢余，不准亏欠。衙门奢侈之习，不能不彻底痛改。余初带兵之时，立志不取军营之钱以自肥其私，今日差幸不负始愿，然亦不愿子孙过于贫困，低颜求人，惟在尔辈力崇俭德，善持其后而已。同治九年六月初四日《谕纪泽纪鸿》

注释

1 **两江**：指两江总督。

2 **养廉**：薪水之外按职务等级每年另给的银钱。

3 **陆梭山**：人名。南宋学者陆九韶，字子美，号梭山居士。

128. 谨守人生八本

曾国藩在篇中不仅重申家风“八字”和“三不信”，更重要的是提出了自己的八条根本之说，可以说是他在继承传统家教的基础上加以阐发深化而形成的新的治家理论，即使在今天读来，也有一定的借鉴意义。

原文

家中兄弟子侄，惟当记祖父之八个字……又谨记祖父之三不信……余日记册中又有八本之说，曰："读书以训诂[1]为本，作诗文以声调[2]为本，事亲[3]以得欢心为本，养生以戒恼怒为本，立身以不妄语[4]为本即不扯谎也，居家以不晏起[5]为本，作官以不要钱为本，行军以不扰民为本。"此八本者，皆余阅历而确有把握之论，弟亦当教诸子侄谨记之。无论世之治乱，家之贫富，但能守星冈公之八字与余之八本，总不失为上等人家。咸丰十一年二月二十四日《致澄弟》

注释

1 **训诂：**解释古书字义。晋郭璞《尔雅序》疏："诂，古也，通古今之言使人知也。训，道也，道物之貌以告人也。"

2 **声调：**声音的高低、长短、强弱、快慢、轻重等变化。这里指吟诵和写作诗文的音律节奏。

3 **事亲：**侍奉父母。

4 **妄语：**乱说。

5 **晏起：**晚起。

129. 治家八事缺一不可

曾国藩在这里重申了他家祖辈以来的"治家八事"，要求家人勤俭持家、读书明理、敬事祖宗、善待宗邻等，以及读书、种菜、养鱼、喂猪等。这充分体现他坚守半耕半读家风的一贯主张。

原文

初一日接尔十六日禀，澄叔已移寓新居，则黄金堂老宅，尔为一家之主矣。昔吾祖星冈公最讲求治家之法，第一起早，第二打扫洁净，第三诚修祭祀[1]，第四善待亲族邻里。凡亲族邻里来家，无不恭敬款接，有急必周济[2]之，有讼[3]必排解之，有喜必庆贺之，有疾必问，有丧必吊。此四事之外，于读书、种菜等事尤为刻刻留心，故余近写家信，常常提及书、蔬、鱼、猪四端者，盖祖父相传之家法也。尔现读书无暇，此八事，纵不能一一亲自经理[4]，而不可不识得此意，请朱运四先生细心经理，八者缺一不可。咸丰十年闰三月初四日《谕纪泽》

注释

1 **诚修祭祀**：指虔诚地进行祭祀祖宗的活动。

2 **周济**：对穷困人给予物质上的帮助。

3 **讼**：争辩是非打官司。此处指争执纠纷。

4 **经理**：这里指经手料理。

130. 应牢记“八本”“三致祥”

曾国藩在这封家信中，教诫儿子牢记“八本”“三致祥”。这“八本”“三致祥”对后世士大夫的影响比较大，时至今日仍有一定的启迪意义。

原文

吾教子弟不离八本、三致祥[1]。八者曰：读古书以训诂为本，作诗文以声调为本，养亲以得欢心为本，养生以少恼怒为本，立身以不妄语为本，治家以不晏起为本，居官以不要钱为本，行军以不扰民为本。三者曰：孝致祥，勤致祥，恕[2]致祥。咸丰十一年三月十三日《谕

纪泽纪鸿》

注释

1 **致祥**：招致吉祥；招致幸福。

2 **恕**：宽恕；宽容。

131. 家教八字诀

曾国藩综合祖父的治家之道，提出了家教八字诀，包括读书、勤劳、俭朴、邻里关系等各个方面的内容，可谓全面系统而又具体细微。他自称这种提法略涉“谐谑”，其实却是十分认真严肃的。它对今人尤其是那些高干家庭是很有启发意义的。

原文

余与沅弟论治家之道，一切以星冈公为法，大约有八个字诀。其四字即上年所称书、蔬、鱼、猪也，又四字则曰早、扫、考、宝。早者，起早也；扫者，扫屋也；考[1]者，祖先祭祀，敬奉显考、王考、曾祖考，言考而妣可该也[2]；宝者，亲族邻里，时时周旋，贺喜吊丧，问疾济急，星冈公常曰人待人无价之宝也。星冈公生平于此数端最为认真。故余戏述为八字诀曰：书、蔬、鱼、猪、早、扫、考、宝也。此言虽涉谐谑，而拟即写屏上，以祝贤弟夫妇寿辰，使后世子孙知吾兄弟家教，亦知吾兄弟风趣也。咸丰十年闰三月二十九日《致澄弟》

注释

1 **考**：原指父亲，后只称亡父为考。《礼记》：“生曰父……死曰考。”后文之显考、王考、曾祖考，分别为过世的父、祖父、曾祖父。

2 **妣**（bǐ）：亡母。《礼记》：“生曰父曰母曰妻，死曰考曰妣曰嫔。”

该：完备、包括。这里的意思是说祭祀亡父也就包括祭祀亡母在内。

132. 早起、有恒、稳重三者皆最要之务

曾国藩在这封家信中，从“先人之家法”“吾身之大耻”“尔身之短处”这三个不同的角度，悉心引导儿子认识到“早起”“有恒”“稳重”三者皆最要之务，勉励儿子努力培养自己良好的品性，其殷切期望子女成才之情倾注于字里行间。

原文

我朝列圣相承[1]，总是寅正[2]即起，至今二百年不改。我家高曾祖考相传早起，吾得见竟希公、星冈公皆未明即起，冬寒起坐约一个时辰，始见天亮。吾父竹亭公亦甫[3]黎明即起，有事则不待黎明，每夜必起看一二次不等，此尔所及见者也。余近亦黎明即起，思有以绍[4]先人之家风。尔既冠授室[5]，当以早起为第一先务。自力行之，亦率新妇力行之。

余生平坐无恒之弊，万事无成。德无成，业无成，已可深耻矣。逮[6]办理军事，自矢靡他，中间本志变化，尤无恒之大者，用为内耻[7]。尔欲稍有成就，须从有恒二字下手。

余尝细观星冈公仪表绝人，全在一重[8]字。余行路容止亦颇重厚，盖取法于星冈公。尔之容止甚轻[9]，是一大弊病，以后宜时时留心。无论行坐，均须重厚。早起也，有恒也，重也，三者皆尔最要之务。早起是先人之家法，无恒是吾身之大耻，不重是尔身之短处，故特谆谆戒之。咸丰九年十月十四日《谕纪泽》

注释

1 **圣**：这里指帝王、君王。 **承**：指接续、继承。

2 **寅正**：旧时以地支记时，寅正指凌晨四时。
3 **甫**：刚刚。
4 **绍**：继承。
5 **冠**：即弱冠，男二十岁。 **授室**：即娶妻成家。
6 **逮**：待到。
7 **用为内耻**：把无恒当作自己内心的耻辱。
8 **重**：稳重；庄重。
9 **容止**：仪容举止。 **轻**：轻浮。

133. 定八好六恼之家规

曾国藩在篇中反复强调，子弟之贤良与否，家庭教育对他们的成长是很重要的。而这其中的内容就是要求子弟从小树立起勤劳、俭朴以及讲求实际的良好品行。这一观点是值得今天做父母的深思的。

原文

家中要得兴旺，全靠出贤子弟。若子弟不贤不才，虽多积银积钱积谷积产积衣积书，总是枉然。子弟之贤否，六分本于天生，四分由于家教。吾家代代皆有世德[1]明训，惟星冈公之教尤应谨守牢记。吾近将星冈公之家规编成八句，云："书、蔬、鱼、猪、考、早、扫、宝，常说常行，八者都好；地、命、医理、僧巫、祈祷、留客久住，六者俱恼。"盖星冈公于地、命、医、僧、巫五项人，进门便恼，即亲友远客久住亦恼。此八好六恼者，我家世世守之，永为家训。子孙虽愚，亦必略有范围[2]也。同治五年十二月初六日《致澄弟》

注释

1 **世德**：世代相传的功德。

2 **范围**：规范；概括。后多用作周围界限之义，犹言规矩。

134. 不能忘却寒士风味

曾国藩在篇中反复指出，在鼎盛之时绝对不能忘掉寒士家风味。这一思想对于一个封建士大夫来说实属难得，即使在是今天也颇能警省人们。

原文

吾家现虽鼎盛，不可忘寒士家风味[1]，子弟力戒傲惰。戒傲以不大声骂仆从为首，戒惰以不晏起为首。吾则不忘蒋市街卖菜篮情景，弟则不忘竹山坳拖碑车风景。昔日苦况，安知异日不再尝之？自知谨慎矣。同治六年正月初四日《致澄弟》

注释

1 **寒士**：指出身寒微或生活清苦的读书人。 **风味**：情景；特色。

135. 孝友为家庭之祥瑞

“孝友为家庭之祥瑞”，“孝友则立获吉庆”。因此，“孝友”是曾国藩观念中的一个重要组成部分。他不仅自己身体力行，“以身垂范”，而且要求晚辈们切实讲求。曾氏兄弟、曾氏家庭之所以能在当时错综复杂的社会环境中坚持和睦，与此不无关系。

原文

孝友为家庭之祥瑞。凡所称因果报应，他事或不尽验，独孝友则立获吉庆，反是则立获殃祸，无不验者。

……我身殁[1]之后，尔等事两叔如父，事叔母如母，视堂兄弟如手足。凡事皆从省啬[2]，独待诸叔之家则处处从厚，待堂兄弟以德业相劝、过失相规[3]，期于彼此有成，为第一要义。同治九年六月初四日《谕纪泽纪鸿》

注释

1 **殁**：同“没”，死了。

2 **省啬**：节省；吝啬。

3 **规**：规劝。

136. 应以“耕读”二字为长久之计

“耕读”为本，这是曾国藩重视家教的一贯主张。他既希望曾家后人兴旺发达，又时刻忧虑他们养尊处优，沾染坏习气，因而反复对他的弟弟指出，要坚持把“耕读”二字作为根本来对待。后来的事实证明，曾国藩的这一治家思想产生了积极的效果。

原文

吾自五十以后百无所求，惟望星冈公之后丁口[1]繁盛，此念刻刻不忘。吾德不及祖父远甚，惟此心则与祖父无殊。……吾精力日衰，断不能久作此官，内人率儿妇辈久居乡间[2]，将一切规模立定，以耕读二字为本，乃是长久之计。同治六年五月初五日《致澄弟》

注释

1 **丁口**：人口。

2 **内人**：夫人。 **儿妇**：儿子的媳妇。

137. 临危遗嘱：一意读书、勤俭治家

曾国藩在时局极度紧张、极度艰难的时候，仍然不忘教诲儿子，并严肃地要求他们从以下两个方面作出努力：一是“一意读书”，因为自己读书、作文、写字“三者一无所成，不无耿耿”，而且又“深谙督师之苦”，那么后辈应该弥补自己的短处，吸取自己的教训，专心致志地读书，争取学有所成。二是“勤俭治家”，这不仅是曾家祖辈遗留下来的传统家风，也是当今乱世的“安身之法”。

以上两个方面的教诲，正是曾国藩贯穿一辈子的教子之方、治家之法的主要内容所在。

原文

目下值局势万紧之际，四面梗塞，接济已断，加此一挫，军心尤大震动。所盼望者，左军能破景德镇、乐平之贼，鲍军能从湖口迅速来援，事或略有转机，否则不堪设想矣。

余自从军以来，即怀见危授命之志。丁、戊年在家抱病，常恐溘逝牖下[1]，渝[2]我初志，失信于世。起复再出，意尤坚定。此次若遂不测，毫无牵恋。自念贫窭[3]无知，官至一品，寿逾五十，薄有浮名[4]，兼秉[5]兵权，忝窃[6]万分，夫复何憾！惟古文与诗，二者用力颇深，探索颇苦，而未能介然[7]用之，独辟康庄。古文尤确有依据，若遽先朝露[8]，则寸心所得，遂成广陵之散[9]。作字用功最浅，而近年亦略有入处。三者一无所成，不无耿耿。至行军本非余所长，兵贵奇而余太平，兵贵诈而余太直，岂能办此滔天之贼？即前此屡有克捷，已为侥幸，

出于非望矣。尔等长大之后，切不可涉历兵间，此事难于见功，易于造孽，尤易于诒万世口实。余久处行间[10]，日日如坐针毡，所差[11]不负吾心，不负所学者，未尝须臾忘爱民之意耳。近来阅历愈多，深谙督师之苦。尔曹惟当一意读书，不可从军，亦不必作官。

吾教子弟不离八本、三致祥。八者曰：读古书以训诂为本，作诗文以声调为本，养亲以得欢心为本，养生以少恼怒为本，立身以不妄语为本，治家以不晏起为本，居官以不要钱为本，行军以不扰民为本。三者曰：孝致祥，勤致祥，恕致祥。吾父竹亭公之教人，则专重孝字。其少壮敬亲，暮年爱亲，出于至诚，故吾纂墓志，仅叙一事。吾祖星冈公之教人，则有八字，三不信。八者曰：考、宝、早、扫、书、蔬、鱼、猪。三者，曰僧巫，曰地仙[12]，曰医药，皆不信也。处兹乱世，银钱愈少，则愈可免祸；用度[13]愈省，则愈可养福。尔兄弟奉[14]母，除劳字俭字之外，别无安身之法。吾当军事极危，辄将此二字叮嘱一遍，此外亦别无遗训之语，尔可禀告诸叔及尔母无忘。咸丰十一年三月十三日《谕纪泽纪鸿》

注释

1 **溘（kè）逝**：突然死去。 **牖（yǒu）**：窗户。

2 **渝**：改变。

3 **贫窭（jù）**：贫穷。

4 **薄有浮名**：即“稍有虚名”。

5 **秉**：掌握；主持。

6 **忝窃**：谦言辱居其位或愧得其名。

7 **介然**：独特地。

8 **遽**：匆忙；急忙。 **先朝露**：这里比喻身遭不测。

9 **广陵之散**：指《广陵散》，为三国时嵇康所作琴曲。嵇康后遭谗被害，临刑前索琴奏《广陵散》，曲终叹曰：“《广陵散》于今绝矣。”后称事无后继或事成绝响为“广陵散”。

10 **行间**：指行营，即临时的军营。

11 **所差**：相当于说“幸亏”。

12 **地仙**：看地测风水的人。

13 **用度**：费用。

14 **奉**：奉养；赡养。

138. 以勤俭自持，以忠恕教子

曾国藩居官多年，常常“痛自惩责”，想弥补自己的过失，并希望两个弟弟时寄规劝之言，互相切磋，这都是为了“恐罚及于后裔”。他对曾家后代寄予厚望，希望他们能“读书敦品，略有成立”，并洗净骄惰之气，各敦恭谨之风，殷切之情溢于言表。虽然其出发点是为了不负祖宗培植之德，为了不坠家声，但这种教育子弟的态度、原则和方法，对今人仍有裨益。

原文

吾兄弟忝叨[1]爵赏，亦望后嗣子孙读书敦品，略有成立，乃不负祖宗培植之德。吾自问服官三十余年，无一毫德泽[2]及人，且愆咎[3]丛积，恐罚及于后裔。老年痛自惩责，思盖前愆。望两弟于吾之过失时寄箴言[4]，并望互相切磋，以勤俭自持，以忠恕教子，要令后辈洗净骄惰之气，各敦恭谨之风，庶几不坠家声耳。同治十年三月初三日《致澄弟沅弟》

注释

1 **忝叨**（tiǎn tāo）：谦词，叨承，自谦才不胜任而居其位。

2 **德泽**：德化和恩惠。

3 **愆**（qiān）**咎**：错误；过失。

4 **箴言**：规谏之言；告诫的话。

139. 家中应以勤俭为主

在这篇家训中，曾国藩先讲自己哪些方面做得好，哪些方面做得不好；继而指出弟弟们哪些方面做得好，哪些方面做得不好。最后要求他们每用一钱都必须三思而行。这种教育方法，对方容易接受，也容易见效。

原文

余于俭字做到六七分，勤字则尚无五分工夫。弟与沅弟于勤字做到六七分，俭字则尚欠工夫。以后各勉其所长，各戒其所短。弟每用一钱，均须三思。同治三年八月初四日《致澄弟》

140. 不可日趋奢华

曾国藩看到，一般官家子弟常犯的毛病是自视高贵，以致盛气凌人，所以他在这封家书中告诫其弟，要严格管教子侄辈不可骄横放纵，更不可轻易取笑别人、看不起别人。这比要求生活上勤劳俭朴更加深了一层用意。

原文

家中之事，望贤弟力为主持，切不可日趋于奢华。子弟不可学大家口吻，动辄笑人之鄙陋，笑人之寒村[1]，日习于骄纵而不自知。咸丰十年四月二十四日《致澄弟》

注释

1 **寒村**：寒酸粗俗。

141. 切戒家中过于奢华

不论坐什么轿，都是劳动人民用肩抬着走的。只知禁坐太奢华的四人抬轿，而不禁坐所有的轿，反映出曾国藩的阶级和历史的局限性。但他在这篇家训中，一则责备各家规模过于奢华，坐四人轿者太多；二则指责家中享受太过分，所以不肯多寄钱物回家。这些看法和举措还是应该肯定的。

原文

惟各家规模总嫌过于奢华。即如四轿[1]一事，家中坐者太多，闻纪泽亦坐四轿，此断不可。弟曷不[2]严加教责？即弟亦只可偶一坐之，常坐则不可。篾结轿而远行，四抬则不可；呢轿而四抬则不可入县城、衡城，省城则尤不可。……凡事皆当存一谨慎俭朴之见。……吾恐家中奢靡太惯，享受太过，故不肯多寄钱物回家。同治二年十月十四日《致澄弟》

注释

1 **四轿**：四人抬的轿。简称“四轿”或“四抬”。

2 **曷不**：何不。

142. 孝勤恕可致家势祥和

曾国藩在篇中提出的“孝致祥，勤致祥，恕致祥”的主张，对于居家来说，确是不易之论。这些文字又都是在军事日危、旦夕不测的危殆局势中写下的，由此可见曾国藩治家的一片良苦用心。

原文

自去冬至今，无日不在危机骇浪之中。所欲常常告诫诸弟与子侄者，惟星冈公之八字、三不信及余之八本、三致祥而已。……三致祥曰“孝致祥，勤致祥，恕致祥”。兹因军事日危，旦夕不测，又与诸弟重言以申明之。家中无论老少男妇，总以习勤劳为第一义，谦谨为第二义。劳则不佚，谦则不傲，万善皆从此生矣。咸丰十一年三月初四日《致澄弟沅弟季弟》

143. 应时时在“俭”字上用功

曾国藩在这篇家训中，用形象的比喻，生动的事实，简明扼要地说明了由俭入奢易、由奢返俭难的道理。今天的人们，应该从中受到启迪和吸取有益的东西。

原文

俭之一字，弟言时时用功，极慰极慰，然此事殊不易易。由既奢之后而返之于俭，若登天然[1]。即如雇夫赴县，昔年仅轿夫二名，挑夫一名，今已增至十余名。欲挽回仅用七八名且不可得，况挽至三四名乎？同治三年二月二十四日《致澄弟》

注释

1 **若登天然**：其难度就好像登天一样。

144. 用财太奢最可耻

曾国藩在篇中对于其子曾纪泽自做主张修建旧屋而花钱过多的行为感到气愤，反复告诫他用钱太奢为可耻之事，并明确表示不打算留下过多的钱财给子孙后代，要求他们自谋生计，早作自立之打算。这一思想在清末那种政治腐败的环境和条件下是难能可贵的。

原文

富圫修理旧屋，何以花钱至七千串之多？即新造一屋，亦不应费钱许多。余生平以大官之家买田起屋为可愧之事，不料我家竟尔行之。澄叔诸事皆能体我之心，独用财太奢与我意大不相合。凡居官不可有清名，若名清而实不清，尤为造物[1]所怒。……

尔于经营外事颇有才而精细，何不禀商尔母暨澄叔，将家中每年用度必不可少者逐条开出，计一岁除田谷所入外，尚少若干，寄营余核定后以便按年付回。……余将来不积银钱留与儿孙，惟书籍尚思添买耳。同治六年二月十三日《谕纪泽》

注释

1 **造物**：古时以为万物是天造的，故称天为“造物”。

145. 恪守祖训

曾玉屏（星冈公）是一个颇为善于经营的乡下财主，曾家的经济在他手上得到很大的发展。曾国藩对他十分崇敬，所以在这篇家训中，也敦劝兄弟子侄务必恪守祖父遗留下来的规矩与法度。

原文

吾祖星冈公于僧道巫医及堪舆星命之言皆不甚信，故凡不近情理之言不敢向之开口。以后吾家兄弟子侄，总以恪守星冈公之绳墨为要[1]。同治三年四月十四日《致澄弟》

注释

1 **恪守**：敬守。 **绳墨**：规矩、法度。

146. 不可与闻外间事

曾国藩在篇中反复告诫其弟，千万不要过问外边的事情，以免惹来是非。并以亲身经历劝导其弟绝对不要有做官的念头，因为做官这碗饭并不好吃。

原文

当此乱世，黑白颠倒，办事万难，贤弟宜藏之深山，不宜轻出门一步。澄弟去年三月在省河告归之时，毅然决绝，吾意其戢[1]影家园，足迹不履[2]城市矣。此次一出，实不可解。以后务须隐遁[3]，无论外间何事，一概不可与闻。即家中偶遇横逆之来，亦当再三隐忍，勿与计较。吾近来在外，于忍气二字加倍用功。若仗皇上天威，此事稍有了息之期，吾必杜门养疾，不愿闻官事也。咸丰五年四月初八日《致澄弟温弟沅弟季弟》

注释

1 **戢**（jí）：收敛；收藏。

2 **履**：踩；走。这里指不到。

3 **遁**（dùn）：隐藏。

147. 不宜轻易出头露面

在即将攻陷太平天国首都天京之际，时局之变越来越给曾国藩增加了无形的压力。因此，一方面他自己常怀有畏祸之心而小心翼翼；另一方面，又在家训中告诫自家兄弟切莫轻易出头露面，更不宜随意去省城。

原文

吾与沅弟久苦兵间，现在群疑众谤[1]，常有畏祸之心。弟切不宜轻易出头露面，省城则以足迹不到为是。同治三年四月初四日《致澄弟》

注释

1 **群疑众谤**：公众起疑心，大家有谤语。

148. 切莫干预公事

在这篇家训中，曾国藩利用自己多年积累起来的经验阅历，教诲自家兄弟在极盛之时要预作衰时的设想，在百事平顺之时要预计百事违背的地步，要以不干预公事为第一义。由此可知，在政治风云变幻莫测的清末社会里，曾氏家族无颠坠之虞，曾氏兄弟无覆灭之灾，绝不是偶然的。

原文

凡官运极盛之时，子弟经手公事格外顺手，一倡百和，然闲言即由此起，怨谤即由此兴。吾兄弟当于极盛之时预作衰时设想，当盛时百事平顺之际预为衰时百事拂逆[1]地步。弟此后若到长沙、衡州、湘乡等处，总以不干预公事为第一义。此阿兄阅历极深之言，望弟记之。同治三年四月二十四日《致澄弟》

注释

1 **拂逆**：不平顺；不顺心。

149. 大官之家不应讼涉公庭

曾国藩自做上大官之后，时刻忧虑的是家里人不加检点，仗势凌人，从而明确告诫几位弟弟应当听从地方官管束，绝不要讼涉官署。这种姿态是值得肯定的。

原文

我县新官加赋[1]我家，不必答言，任他加多少，我家依而行之。如有告官者，我家不必入场。凡大员之家，无半字涉公庭[2]，乃为得体。为民除害之说，为所辖之属言之，非谓去本地方官也。道光二十八年五月初十日《致澄弟沅弟季弟》

注释

1 **赋**：指田地应上缴之税收。

2 **公庭**：官署；衙门。

150. 不贪财、不失信、不自是为处世为人之本

曾国藩在篇中进一步告诫其弟，不管是居家还是出外办事，都应谨守“不贪财、不失信、不自是”这三条处世为人的根本，只有这样才能见信于乡里，少惹烦恼于官署。这一观点，与他力求避免大官之家“树大招风”的思想是一致的。

原文

澄侯在县和八都官司，忠信见孚[1]于众人，可喜之至。……此后近而乡党[2]，远而县城省城，皆靠澄弟一人与人相酬酢[3]。总之不贪财、不失信、不自是，有此三者，自然鬼服神钦[4]，到处人皆敬重。此刻初出茆庐[5]，尤宜慎之又慎。若三者有一，则不为人所与矣。道光二十八年六月十七日《致澄弟沅弟季弟》

注释

1 **孚**：为人所信服。

2 **乡党**：指乡里。

3 **酬酢**（chóu zuò）：交际往来。

4 **鬼服神钦**：形容谁都感到信服钦佩。

5 **茆庐**：即草屋。茆，通“茅”。

151. 迁善改过与修德读书最可靠

这封家书主要强调一个“诚”字，不仅要有为善之“思”，而尤

其要有为善之“实”。迁善改过、修德读书的好处几乎人人都明白，但明白了就要抓紧去做，而且一定要诚心实意做出结果。

原文

季弟书中言每思留心于言行之差错，以时时儆惕。余观此语，欣慰之至。凡人一身，只有迁善改过四字可靠；凡人一家，只有修德读书四字可靠。此八字者，能尽一分，必有一分之庆；不尽一分，必有一分之殃。其或休咎相反[1]，必其中有不诚，而所谓改过修德者，不足以质[2]诸鬼神也。吾与诸弟勉之又勉。务求有为善之实，不使我家高曾祖父之积累自我兄弟而剥丧。此则余家之幸也。咸丰元年七月初八日《致澄弟温弟沅弟季弟》

注释

1 **休咎相反**：善恶相反、吉凶不符。

2 **质**：评判；对质。

152. 由俭入奢易，由奢返俭难

曾国藩教育后代，坚持以身作则，坚持身教重于言教。他自己服官二十年，“不敢稍染官宦气习，饮食起居，尚守寒素家风”，因而也明白告诫儿子必须懂得“由俭入奢易，由奢返俭难”和“勤苦俭约，未有不兴，骄奢倦怠，未有不败”的道理。这种教育方法与一般庸俗士大夫迥然不同。

原文

家中人来营者，多称尔举止大方，余为少慰。凡人多望子孙为大官，余不愿为大官，但愿为读书明理之君子。勤俭自持，习劳习苦，可以处乐，可以处约。此君子也。余服官[1]二十年，不敢稍染官宦气习，饮食起居，尚守寒素家风，极俭也可，略丰也可，太丰则吾不敢也。凡仕宦之家，由俭入奢易，由奢返俭难。尔年尚幼，切不可贪爱奢华，不可惯习懒惰。无论大家小家、士农工商，勤苦俭约，未有不兴，骄奢倦怠，未有不败。尔读书写字不可间断，早晨要早起，莫坠高曾祖考以来相传之家风[2]。吾父吾叔，皆黎明即起，尔之所知也。

凡富贵功名，皆有命定，半由人力，半由天事。惟学作圣贤，全由自己作主，不与天命相干涉。吾有志学为圣贤，少时欠居敬工夫，至今犹不免偶有戏[3]言戏动。尔宜举止端庄，言不妄发，则入德之基也。咸丰六年九月二十九日《谕纪鸿》

注释

1 **服官**：相当于“做官”。

2 **坠**：失去；丢掉。 **高曾祖考**：指高祖、曾祖、祖父、父亲。

3 **戏**：开玩笑。

153. 勿忘先世之勤俭

在此篇中，曾国藩历数其祖宗几代都是“孝弟勤俭”。他教诫侄儿纪瑞，现在家中境地虽渐宽裕，但祖宗先世的艰难不能忘，祖宗先世的勤俭不能变。这是很有见地的。

同时，他提出将相无种，圣贤无种，只要人肯立志，都是可以做得到的。他这个提法，打破了长期以来将相、圣贤乃天之生成的神秘感，是一种大胆的、卓越的见解。

原文

吾家累世以来，孝弟勤俭。辅臣公[1]以上吾不及见，竟希公[2]、星冈公皆未明即起，竟日无片刻暇逸[3]。竟希公少时在陈氏宗祠读书，正月上学，辅臣公给钱一百，为零用之需。五月归时，仅用去一文，尚余九十八文还其父。其俭如此。星冈公当孙入翰林之后，犹亲自种菜收粪。吾父竹亭公之勤俭，则尔等所及见也。今家中境地虽渐宽裕，侄与诸昆弟[4]切不可忘却先世之艰难，有福不可享尽，有势不可使尽。勤字工夫，第一贵早起，第二贵有恒；俭字工夫，第一莫着华丽衣服，第二莫多用仆婢雇工。凡将相无种，圣贤豪杰亦无种，只要人肯立志，都可以做得到的。同治二年十二月十四日《谕纪瑞》

注释

1 **辅臣公**：曾国藩的高祖父。

2 **竟希公**：曾国藩的曾祖父。

3 **暇逸**：空闲与安逸。

4 **昆弟**：兄弟。

154. 势利机巧之心与猎取清廉虚名均不可取

曾国藩在篇中特别强调为人处世应以“务实”二字为准则，不要贪高位、享大名，不要着意去追取清廉虚名，认为只有这样才能对己立身处世，尤其对保持大节和晚节甚有益处。这种处世哲学也是值得我们认真借鉴的。

原文

然余生平最怕以势利相接，以机心相贸，决计不作京官，亦不愿久作直督[1]。约计履任一年即当引疾悬车[2]，若到官有掣肘之处，并不待一年期满矣。

……凡散财最忌有名，总不可使一人知一有名便有许多窒碍，或捏作善后局之零用，或留作报销局之部费，不可捐为善举费。至嘱至嘱。余生平以享大名为忧，若清廉之名尤恐折福也。同治八年正月二十二日《谕纪泽》

注释

1 **直督**：直隶（今属河北、天津等地）总督。

2 **悬车**：停车。喻指辞官归家。

155. 不宜涉足军政

曾国藩在这封家书中，根据自己的经历，语重心长地告诫各位弟弟，如果有志于在外任职，就一定要有“受苦受惊”的思想准备，千万不可有始无终而被人耻笑。但最好老老实实待在家中，“勤俭耕读，奉亲教子”，不要涉足于军政方面的事。内中难免有“愚忠”“避世”等消极思想，但积极因素同样是显而易见的。

原文

带勇[1]之事，千难万难，任劳任怨，受苦受惊，一经出头，则一二三年不能离此苦恼。若似季弟吃苦数月便尔脱身，又不免为有识者所笑。余食禄[2]有年，受国厚恩，自当尽心竭力办理军务，一息尚存，此志不懈。诸弟则当伏处山林，勤俭耕读，奉亲教子，切不宜干涉军政，恐无益于世，徒损于家。至嘱至嘱。咸丰五年十月十四日《致澄弟温弟沅弟季弟》

注释

1 **带勇**：带兵。清制，行营招募的兵卒叫作勇。

2 **食禄**：吃国家的俸禄。

156. 为官不可得罪绅士

曾国藩在篇中指出，大凡做人、做官，要谦逊有礼，温文尔雅，宽宏大度，不可恶语伤人，不可过于小气而得罪人。这一观点体现了他老于官场世故的色彩。

原文

弟此次赴鄂，虽不必效沈、蒋[1]之枉道干誉[2]，然亦不可如云仙[3]之讥侮绅士，动[4]成荆棘。大约礼貌宜恭，银钱宜松，背后不宜多着贬词，纵不见德[5]，亦可以远怨矣。同治五年三月十六日《致澄弟沅弟》

注释

1 **沈、蒋**：分别指时任江西巡抚、福建船政大臣沈葆桢和湘军将领、时任广东巡抚蒋益澧。

2 **枉道干誉**：不用正道以追求名誉。《论语·微子》："枉道而事人，何必去父母之邦？"

3 **云仙**：即曾任广东巡抚的郭嵩焘。

4 **动**：动不动就。

5 **德**：感激。

157. 对绅士贵在奖之以好言

曾国藩在这篇所说是用人之道，主张针对不同的人进行不同的使用。官吏为职责所在，你对他严厉一点，他也不得不服从上级的领导；而那些有钱的人，不吃公家的饭，不受纪律约束，当官的就应将他们视同朋友一般对待，以友情去感动他们，使之乐为我用。这一用人方法具有辩证哲理。

原文

用绅士不比用官，彼本无任事之责，又有避嫌之念，谁肯挺身出力以急公者？贵在奖之以好言，优之以廪给[1]，见一善者则痛誉之，见一不善者则浑藏[2]而不露一字。久久善者劝，而不善者亦潜移而默转矣。吾弟初出办事，而遂扬绅士之短，且以周梧冈之阅历精明为可佩，是大失用绅士之道也，戒之慎之。咸丰七年正月二十六日《致沅弟》

注释

1 **廪（lǐn）给**：这里指待遇、薪水。

2 **浑藏**：隐藏。

158. 应善待本县父母官

在这篇家训中，曾国藩对其弟曾国荃的长处、短处既一目了然，又处理得体；对当地父母官保持既不力赞也不诋毁的态度，保持若远若近、不亲不疏的距离。这反映出位高权重的曾国藩在处理当时错综复杂的社会矛盾时，其见识确实高出别人一筹。

原文

来信言余于沅弟既爱其才，宜略其小节，甚是甚是。……然为兄者，总宜奖其所长，而兼规[1]其短。若明知其错，而一概不说，则非特沅一人之错，而一家之错也。

吾家于本县父母官，不必力赞其贤，不可力诋[2]其非，与之相处，宜在若远若近、不亲不疏之间。……子侄若与官相见，总以谦谨二字为主。同治元年九月初四日《致澄弟》

注释

1 **规**：规劝；谏诤。

2 **诋**：毁谤。此处可作“讲”和“宣扬”解。

159. 用人不率冗，存心不自满

曾国藩在篇中提出的“用人不率冗，存心不自满”的观点，是他从政为官数十年之经验总结，时至今日仍有积极意义。

原文

沅弟爱博而面软，向来用人失之于率[1]，失之于冗[2]。以后宜慎选贤员，以救率字之弊；少用数员，以救冗字之弊。位高而资浅，貌贵温恭，心贵谦下。天下之事理人才，为吾辈所不深知、不及料者多矣，切弗存一自是之见。用人不率冗，存心不自满，二者本末俱到，必可免于咎戾[3]，不坠令名。同治五年三月二十六日《致澄弟沅弟》

注释

1 **率**：轻率。

2 **冗**：多余；闲散。

3 **咎戾**：灾祸；罪恶。

160. 治军以爱民为第一义

不管曾国藩所说的“爱民”有多少局限性，这一立论的主旨还是应当肯定的。特别是他在战乱时期提出这一问题，强调立身军伍之间，要多“积德”，不“造孽”，更可见其深意。

原文

苏州阊门[1]外民房十余里，繁华甲于天下，此时乃系金陵大营[2]之逃兵溃勇先行焚烧劫抢而贼[3]乃后至。兵犹火也，弗戢自焚[4]，古人洵不余欺[5]。弟在军中，望常以爱民诚恳之意、理学迂阔之语时时与弁兵说及，庶胜则可以立功，败亦不至造孽。当此大乱之世，吾辈立身行间，最易造孽，亦最易积德。吾自三年初招勇时，即以爱民为第一义。历年以来，纵未必行得到，而寸心总不敢忘爱民两个字，尤悔颇寡。

咸丰十年四月二十二日《致沅弟》

注释

1 **阊（chāng）门**：苏州古城之西门。

2 **金陵大营**：清军为围剿太平天国农民起义在南京城外建立的兵营。1861年该营被李秀成等部攻破。

3 **贼**：曾国藩对太平军的蔑称。

4 **弗戢（jí）自焚**：如不加止息，就会自我焚毁。

5 **洵不余欺**：确实没有欺骗我。

161. 治军应以“勤”字作主

曾国藩在篇中强调的宜以“勤”字作主，不宜以“命”字谕众的观点，其积极的意义在于：一个人要想脱颖而出，确实不能完全由自己做主，但一个有理想有抱负的人绝不应放松自己的主观努力，而一味地听天由命，无所适从。

原文

季弟言出色之人断非有心所能做得，此语确不可易。名位大小，万般由命不由人，特[1]父兄之教家、将帅之训士不能如此立言耳。季弟天分绝高，见道甚早，可喜可爱，然办理营中小事，教训弁[2]勇，仍宜以勤字作主，不宜以命字谕众。咸丰十年七月初八日《致沅弟季弟》

注释

1 **特**：只是。

2 **弁**：下级武官。

162. 治军应注重“根株”“柱梁”

曾国藩在篇中对当时正率领湘军一部赴援江西吉安与太平军作战的曾国荃，全面地阐述“军气宜聚不宜散，宜忧危不宜悦豫”，及如何重视“骨干”，有意识地发现培养“根株”“柱梁”等观点。单就治军思想而言，至今仍可借鉴。

原文

军营虽以人多为贵，而有时亦以人多为累。凡军气宜聚不宜散，宜忧危不宜悦豫[1]。人多则悦豫，而气渐散矣。营虽多而可恃者惟在一二营，人虽多而可恃者惟在一二人。如木然，根好株好而后枝叶有所托；如屋然，柱好梁好而后椽瓦有所丽[2]。……遇小敌时，则枝叶之茂椽瓦之美尽可了事；遇大敌时，全靠根株培得稳柱梁立得固，断不可徒靠人数之多气势之盛。倘使根株不稳，柱梁不固，则一枝折而众叶随之，一瓦落而众椽随之，败如山崩，溃如河决，人多而反以为累矣。史册所载战事，以人多而为害者不可胜数。……

来书言弁目[3]太少，此系极要关键。……凡将才有四大端：一曰知人善任，二曰善觇[4]敌情，三曰临阵胆识峙有胆，迪厚有胆有识，四曰营务整齐。……贤弟当于此四大端下工夫，而即以此四大端察同僚及麾下之人才。咸丰七年十月二十七日《致沅弟》

注释

1 **悦豫**：喜乐。

2 **椽**：椽子，放在檩子上架屋顶的木条。 **丽**：附着。

3 **弁目**：清代低级武官的通称。

4 **觇**（chān）：窥视；观测。

163. 用兵应以全军为上

“全军为上，保城池次之”的用兵原则，是曾国藩继承和发展了古代关于战争“重在保全自己，消灭敌人”这一传统的军事思想，同时也是他运用军事理论和实践相结合总结出来的经验。

原文

用兵之道，全军[1]为上，保城池次之。弟自行默度[2]，应如何而后保全本军。如不退而后能全军，不退可也；如必退而后能全军，退可也。同治元年十月十五日《致沅弟》

注释

1 **全军**：保全军队。

2 **默度**：暗自思忖。

164. 应多用活兵、轻兵

曾国藩在篇中不仅指导其弟曾国荃多用活兵、轻兵，少用呆兵、重兵，而且在活兵、轻兵的使用问题上，告诫其可以有半活半呆、半轻半重的过渡形态，还可以有地域方面的差别，不可全求统一。其指导具体细致，训诫体贴入微。

原文

弟在军已久，阅事颇多，以后宜多用活兵，少用呆兵，多用轻兵，少用重兵。进退开合，变化不测，活兵也；屯宿一处，师老人顽[1]，呆兵也；多用大炮辎重[2]，文员太众，车船难齐，重兵也；器械轻灵，马驮辎重，不用车船轿夫，飙驰电击[3]，轻兵也。弟军积习已深，今欲全改为活兵、轻兵，势必不能，姑且改为半活半呆、半轻半重，亦有更战互休之时。望弟力变大计，以金陵、金柱为呆兵、重兵，而以进剿东坝、二溧为活兵、轻兵，庶有济乎！同治元年十月二十日《致沅弟》

注释

1 **师老**：军队久于外，暮气很重。 **人顽**：士兵顽钝而妄为。

2 **辎重**：军用物资。

3 **飙驰电击**：像狂飙一样奔驰，像雷电一样闪击。形容来去疾速。

165. 蓄不竭之气以留有余之力

曾国藩在篇中既肯定其弟曾国荃不轻易发动战争的做法很对，同时更进一步告诫他，行兵打仗贵在保留没有消耗的锐气，保留没有用完的余力。

原文

弟坚持不浪战[1]之义，甚是甚是。凡行兵须蓄不竭之气，留有余之力，《左传》所称再衰三竭[2]，必败之道也。弟营现虽士气百倍，而不肯浪战，正所谓留有余之力也。同治元年九月三十日《致沅弟》

注释

1 **浪战**：轻率地发动战争。

2 **再衰三竭**：形容力量一再消耗，已到衰竭之时。语出《左传·庄公十年》："夫战，勇气也。一鼓作气，再而衰，三而竭。"

166. 紧紧依靠自己的力量

曾国藩在篇中不仅在如何学习、如何做人、如何克服陋习、如何爱惜声名诸多方面多次告诫其弟，而且在制胜之道是什么、危急之时靠什么等军事方面也能及时地给予启发和指导。这对统领数十万大军的曾国藩来说是很不容易的。

原文

凡危急之时，只有在己[1]者靠得住，其在人者，皆不可靠。恃[2]之以守，恐其临危而先乱；恃之以战，恐其猛进而骤退。……去年春间，弟不要陈大富一军，又不留成大吉一军，余深喜弟之有识有志也。同治元年九月十三日《致沅弟季弟》

注释

1 **在己**：属于自己。

2 **恃**：依靠。

167. 制胜之道在人不在器

曾国藩本为一介书生，后来在战争中却能摸索、总结出一套“制胜之道在人不在器”这种具有战略意义的作战规律来，并教导其弟“深思”“猛省”。可见，他具有高出一般封建官僚士大夫的远见卓识。

原文

然制胜[1]之道，实在人而不在器[2]。……真美人不甚争珠翠，真书家不甚争笔墨，然则将士之真善战者，岂必力争洋枪洋药乎？同治元年九月十一日《致沅弟》

注释

1 **制胜**：制服对方以取胜。

2 **器**：这里指洋枪洋药等武器。

168. 切不可浪掷光阴

“劳则善心生，佚则淫心生”“生于忧患，死于安乐”这二则古训，经验阅历十分丰富的曾国藩是深知个中道理的，因而一旦觉察到长子纪泽已经十八岁了其学业竟“未见其益”，便拿“少年成名”的杏生对比，进而指出纪泽“不复以读书立身为事”的根本原因就在于“幸托祖父余荫，衣食丰适，宽然无虑”，以致“酣豢佚乐”。最后又以自己治军不废学问、年老而读书写字未曾间断这一生动事实与纪泽对比，造成强烈反差，从而叮嘱儿子“切不可浪掷光阴”。当今做父母和做儿女的，读了这段文字，难道不应当从中得到启迪吗?

原文

尔今年十八岁，齿[1]已渐长，而学业未见其益。陈岱云姻伯之子号杏生者[2]，今年入学，学院批其诗冠通场。渠[3]系戊戌二月所生，比尔仅长一岁，以其无父无母家渐清贫，遂尔[4]勤苦好学，少年成名。尔幸托祖父余荫[5]，衣食丰适，宽然无虑，遂尔酣豢佚乐[6]，不复以读书立身为事。古人云劳则善心生，佚则淫心生，孟子云生于忧患，死于安乐，吾虑尔之过于佚也。……余在军中不废学问，读书写字未甚间断，惜年老眼蒙，无甚长进。尔今未弱冠[7]，一刻千金，切不可浪掷光阴。

咸丰六年十月初二日《谕纪泽》

注释

1 **齿**：指年龄。

2 **姻伯**：由于婚姻关系而结成的亲戚称为姻亲，姻亲关系中比父亲年长的人称为姻伯。 **号**：过去指名和字以外另起的别号，如今也泛指名以外的字和别号。

3 **渠**：他。

4 **遂尔**：于是。

5 **余荫**：指先辈遗留下来的恩泽。

6 **酣豢**（huàn）**佚乐**：尽情地吃饱喝足，安闲享乐。

7 **弱冠**：古时男子二十岁成人，初加冠，体还未壮，故称弱冠。后来 沿称年少为弱冠。

169. 早婚不利读书

曾国藩在篇中明确指出，早婚不利于读书。当然，早婚的害处是多方面的，远不止不利于读书一桩，仅就“不利读书”这点说，也是值得今人思考的。

原文

弟好劝人早婚。好处固多，然亦微有[1]差处。谚云“床上添双足，诗书高挂搁[2]”，亦至言[3]也。同治二年九月初四日《致澄弟》

注释

1 **微有**：少有；稍有；略有。

2 **挂搁**：悬搁。

3 **至言**：至善之言；至理之言。

170. 联姻不必富室名门

旧时缔结儿女亲家讲究门当户对，至今仍有其残余。这封家书突破了门户之见。这种突破不仅在于不为习俗所动，不为虚名所累，还在于它以简练的几句话语，表达了曾国藩治家理论的深刻见解。

原文

近世人家，一入宦途即习于骄奢，吾深以为戒。三女许字[1]，意欲

择一俭朴耕读之家，不必定富室名门也。咸丰六年十一月初七日《致澄弟》

注释

1 **许字**：许嫁。字，表字。女子成年许嫁始命字，后遂称女子许嫁为字，如待字闺中。

171. 切记礼厚不如情真

在封建时代，“大抵富贵人家气习，礼物厚而情意薄”。但曾国藩却认为，礼不在厚也不在多，重在情真意切。这不仅反映了他比较讲求实际，而且也体现了他力戒奢侈浪费的一贯思想。

原文

南五舅母弃世，纪泽往吊后，弟亦往吊唁否？此等处，吾兄弟中有亲往者为妙。从前星冈公之于彭家[1]并无厚礼厚物，而意甚殷勤[2]，亲去之时甚多。我兄弟宜取以为法。大抵富贵人家气习，礼物厚而情意薄，使人多而亲到少。吾兄弟若能彼此常常互相规诫，必有裨益[3]。咸丰十一年六月十四日《致澄弟》

注释

1 **彭家**：指曾国藩的祖父曾玉屏（星冈）的舅家。

2 **殷勤**：情意恳切。

3 **裨益**：补益；增益。

172. 闺女理应孝顺翁姑敬事丈夫

从别人家嫁出去的闺女往往贪恋母家富贵而忘掉丈夫的父母亲，最终没有好处，就联想自家的闺女们应当好好孝顺翁姑、敬事丈夫，教育她们千万不要重母家而轻夫家。曾国藩这种教育子女的方法非同一般，所以他的家庭教育获得了成功绝非偶然。

原文

余每见嫁女贪恋母家富贵而忘其翁姑[1]者，其后必无好处。余家诸女当教之孝顺翁姑，敬事丈夫，慎[2]无重母家而轻夫家，效浇俗小家[3]之陋习也。同治二年八月初四日《谕纪鸿》

注释

1 **翁姑**：夫之父称“翁”，夫之母称“姑”。

2 **慎**：千万。

3 **浇俗**：浮薄的社会风气。 **小家**：平民之家。

173. 与长辈常存休戚一体之念

曾国藩在这封家信中，一则勉励儿子孝敬叔祖和叔父母，与他们同欢乐、同忧虑；再则鼓励儿子在处世为人方面、在宗族乡党面前超过自己。这种教育方法也是可取的。

原文

于叔祖各叔父母前尽些爱敬之心。常存休戚[1]一体之念，无怀彼此歧视之见，则老辈内外必器爱尔，后辈兄弟姊妹必以尔为榜样，日处日亲，愈久愈敬。若使宗族乡党皆曰纪泽之量大于其父之量[2]，则余欣然矣。咸丰八年十二月三十日《谕纪泽》

注释

1 **休戚**：喜乐与忧虑。

2 **宗族**：父系的亲属，又指同宗的人。 **乡党**：指乡里。 **量**：器量；度量。

174. 养生与力学缺一不可

曾国藩在篇中集自己一生之阅历，勉励子弟对于养生与力学两者兼营并进，志强体壮，以振家业。论述充满哲理而又语重心长，时至今日仍具积极意义。

原文

吾见家中后辈体皆虚弱，读书不甚长进，曾以养生六事勖[1]儿辈：一曰饭后千步，一曰将睡洗脚，一曰胸无恼怒，一曰静坐有常时，一曰习射有常时射足以习威仪强筋力，子弟宜多习，一曰黎明吃白饭一碗不沾点菜。此皆闻诸老人，累试毫无流弊[2]者，今亦望家中诸侄试行之。又曾以为学四字勖儿辈：一曰看生书宜求速，不多阅则太陋；一曰温旧书宜求熟，不背诵则易忘；一曰习字宜有恒，不善写则如身之无衣，山之无木；一曰作文宜苦思，不善作则如人之哑不能言，马之跛不能行。四者缺一不可。盖阅历一生，而深知之深悔之者，今亦望家中诸侄力行之。养生与力学，二者兼营并进，则志强而身亦不弱，或是家中振

兴之象。同治十年十月二十三日《致澄弟沅弟》

注释

1 **勖**（xù）：勉励。

2 **流弊**：相沿下来的弊病。

175. 生日不可宴客称庆

曾家越是家门昌盛，曾国藩就越是小心翼翼，就越是在家训中教诫自家兄弟谨慎从事，防患于未然。这是曾国藩治家理论和实践中一个重要内容，至今仍有启发意义。

原文

生日在即[1]，万不可宴客称庆[2]。此间谋送礼者，余已力辞之矣；弟在营亦宜婉辞而严却之。至嘱至嘱。家门大盛，常存日慎一日而恐其不终之念，或可自保。否则颠蹶[3]之速，有非意计所能及者。同治二年八月初五日《致沅弟》

注释

1 **即**：就；靠近。

2 **称庆**：道贺。

3 **颠蹶**：倾跌。

176. 办丧事不可铺张

在曾国藩的伦常观念里，最重视孝道，因而平日十分敬爱自己的母亲。他对于母亲的去世，深感悲痛。然而作为一员朝中重臣，却又在信中反复叮咛其子在办理丧事时，不管是“开吊散讣”还是“讣告亲友”，都“不可滥”，绝不许铺张浪费。当今某些一遇大事小事就比阔气、讲排场的人，在读到曾国藩这封家书时，难道不感到汗颜，甚或作一点反省吗？

原文

一出家辄十四年，吾母音容不可再见，痛极痛极！不孝之罪，岂有稍减之处！兹念京寓眷口尚多，还家甚难。特寄信到京，料理一切……

……开吊散讣[1]不可太滥，除同年同乡门生外，惟门簿上有来往者散之，此外不可散一分。其单请庞省三先生定。此系无途费，不得已而为之，不可滥也；即不滥，我已愧恨极矣！

……外间亲友，不能不讣告寄信，然尤不可滥。大约不过二三十封，我到武昌时当寄一单来，并寄信稿，此刻不可遽[2]发信。咸丰二年七月二十五日《谕纪泽》

注释

1 **开吊**：有丧事的人家在出殡以前定期接待亲友来吊唁。**讣**：报丧，也指报丧的通知。

2 **遽**（jù）：急；仓促。

177. 必须做到不培坟墓不谋田庐

在这篇家训中，曾国藩明确指出，曾家兄弟地位高，名声大，要想不致颠坠，保全善终，就不要造坟墓、谋田庐。因此，他劝诫沅、季两个弟弟对有关购置良田美宅的行为，应当三思，绝不可自以为是。

原文

良田美宅，来人指摘，弟当三思，不可自是。吾位固高，弟位亦实不卑，吾名固大，弟名亦实不小，而犹沾沾[1]培坟墓以永富贵，谋田庐以贻子孙，岂非过计[2]哉？同治元年七月初一日《致沅弟季弟》

注释

1 **沾沾**：自矜貌。

2 **过计**：太过分打算。

178. 对儿女不要看得过于娇贵

曾国藩在篇中道出了一个很中肯的观点，即父母对于儿女过分娇惯、宠爱，不仅对他们没有益处，反而有害于他们的身心。这一观点对于我们今天那些独生子女的父母来说，是值得领会和借鉴的。

原文

尔之天分甚高，胸襟颇广，而于儿女一事不免沾滞之象。吾观乡里贫家儿女愈看得贱愈易长大，富户儿女愈看得娇愈难成器。尔夫妇视儿女过于娇贵。柳子厚[1]《郭橐驼传》所谓旦视而暮抚、爪肤而摇本者，爱之而反以害之。彼谓养树通于养民，吾谓养树通于养儿。尔与冢妇[2]宜深晓此意。庄子每说委心任运听其自然之道，当令人读之首肯，思之发□。东坡有目疾不肯医治，引《庄子》曰："闻在宥天下，不闻治天下也。"吾家自尔母以下皆好吃药，尔宜深明此理，而渐渐劝谏止之。同治八年二月十八日《谕纪泽》

注释

1 **柳子厚**：指唐代思想家、文学家柳宗元。

2 **冢（zhǒng）妇**：嫡长子的妻子。

179. 养生之道在顺其自然

在此篇中曾国藩告诫儿子，体弱多病的人宜清静调养，不宜妄施攻治，不宜日更数方，不宜终年峻补，不宜强求发汗，而应以顺其自然作为养生之道，强调了睡眠、饮食的重要，并勉励儿子以后不要轻易服药，“自然日就壮健矣”。这说明，曾国藩并不完全反对服药，只是强调不要迷信医药，不要轻易服药，这一观点不是没有道理的。

原文

老年来始知圣人教孟武伯问孝[1]一节之真切。尔虽体弱多病，然只宜清静调养，不宜妄施攻治。庄生[2]云：“闻在宥[3]天下，不闻治天下也。”东坡取此二语，以为养生之法。尔熟于小学，试取在宥二字之训诂体味一番，则知庄、苏皆有顺其自然之意。养生亦然，治天下亦然。若服药而日更数方，无故而终年峻补，疾轻而妄施攻伐强求发汗，则如商君[4]治秦、荆公[5]治宋，全失自然之妙。柳子厚所谓名为爱之其实害之，陆务观[6]所谓天下本无事庸人自扰之，皆此义也。东坡游罗浮诗云：“小儿少年有奇志，中宵起坐存黄庭[7]。”下一存字，正合庄子在宥二字之意。盖苏氏兄弟父子皆讲养生，窃取黄老微旨，故称其子为有奇志。以尔之聪明，岂不能窥透此旨？余教尔从眠食二端用功，看似粗浅，却得自然之妙。尔以后不轻服药，自然日就壮健矣。同治五年二月二十五日《谕纪泽纪鸿》

注释

1 **孟武伯问孝**：见《论语·为政第二》：“孟武伯问孝，子曰：父母唯其疾之忧。”意思是：孟武伯向孔子问孝顺父母要怎么样，孔子说，父母唯恐子女有疾病，做子女的应该体贴父母，保重身子，不要使父母担忧。

2 **庄生**：即战国时期思想家庄子（庄周）。

3 **在宥**：庄子所论述的无为而治，任由事物自然发展。

4 **商君**：战国时政治家，姓公孙名鞅。辅助秦孝公变法，因战功封商十五邑，故称“商鞅”或“商君”。

5 **荆公**：北宋政治家、文学家、思想家王安石。因曾封为荆国公，故称“荆公”。

6 **陆务观**：南宋大诗人陆游（字务观）。

7 **黄庭**：道家以人之脑中、心中、脾中为黄庭；或自然界之天中、地中、人中为黄庭。

180. 告养生五事

曾国藩在这里所说的与中国传统的一般养生之法没有什么不同，但他特别强调的是将五个方面的养生大事互相结合，做到持之以恒，就能收到预期的效果。

原文

养生之法约有五事：一曰眠食有恒，二曰惩忿，三曰节欲，四曰每夜临睡洗脚，五曰每日两饭后各行三千步。惩忿，即余匾中所谓养生以少恼怒为本也。眠食有恒及洗脚二事，星冈公行之四十年，余亦学行七年矣。饭后三千步近日试行，自矢[1]永不间断。弟从前劳苦太久，年近五十，愿将此五事立志行之，并劝沅弟与诸子侄行之。同治五年六月初五日《致澄弟》

注释

1 **矢**：古同“誓”。发誓。

181. 不要信医药、僧巫、地仙

“不信医药，不信僧巫，不信地仙”这三条，是曾家遗传下来的家风。曾国藩在篇中针对曾家的实际情况，结合这个方面进行了阐述，劝导其弟仔细加以体会，不要丢了这种家风。不信僧巫、地仙，这在一般封建士大夫之家是十分难得的，而不信医药这一点，则与曾国藩素来提倡的“精神愈用则愈出，阳气愈提则愈盛”的思想相一致。不信医药并不是完全不要医药，而是不要“迷信”医药。要讲究科学的补养之法，强精固本，善养体内之生气。

原文

吾祖星冈公在时，不信医药，不信僧巫，不信地仙[1]。此三者，弟必能一一记忆。今我辈兄弟亦宜略法此意，以绍[2]家风。今年白玉堂做道场[3]一次，大夫第做道场二次，此外祷祀之事，闻亦常有，是不信僧巫一节，已失家风矣。买地至数千金之多，是不信地仙一节，又与家风相背。至医药，则合家大小老幼，几于无人不药，无药不贵。……余意欲劝弟少停药物，专用饮食调养。泽儿虽体弱，而保养之法，亦惟在慎饮食节嗜欲，断不在多服药也。咸丰十年十二月二十四日《致澄弟》

注释

1 **地仙**：古代方士称住在人间的仙人为地仙。这里专指以看风水、测阴阳等迷信活动为业的方术之士。

2 **绍**：承续；承继。

3 **道场**：佛道二教诵经礼拜成道修道的地方。这里指为超度亡魂、祭祀祖先而由和尚道士主持的诵经礼拜等事。

182. 毋恼毋怒以养肝疾

曾国藩在篇中教诲其弟有必要戒除恼怒以养肝疾，并且巧妙地运用“蝮蛇螫手，则壮士断其手”这一生动形象的比喻，鼓励弟弟除去烦恼和愤怒，达到善养身体的目的。这一观点重在身体内部气血的调养。

原文

弟信中有云肝病已深，痼疾[1]已成，逢人辄怒，遇事辄忧等语，读之不胜焦虑。……此病非药饵所能为力，必须将万事看空，毋恼毋怒，乃可渐渐减轻。蝮蛇螫手[2]，则壮士断其手，所以全生也。吾兄弟欲全其生，亦当视恼怒如蝮蛇，去之不可不勇。至嘱至嘱。同治三年四月十三日《致沅弟》

注释

1 **痼疾**：积久难治的病。

2 **蝮蛇**：毒蛇。 **螫**（shì）：蜇。

183. 养老不在服补药

曾国藩在篇中明确指出，养老不在于服药，不要迷信巫医、地仙、和尚，向弟弟介绍了自己的“调养之法”。

原文

服药之事，余阅历极久，不特标病[1]服表剂最易错误，利害参半，即本病服参茸等味亦鲜[2]实效。如胡文忠公[3]、李勇毅公[4]希庵以参茸燕菜作家常酒饭，亦终无所补救。余现在调养之法，饭必精凿[5]，蔬菜以肉汤煮之，鸡鸭鱼羊豕炖得极烂，又多办酱菜腌菜之属，以为天下之至味，大补莫过于此。孟子及《礼记》所载养老之法、事亲之道皆不出乎此。岂古之圣贤皆愚，必如后世之好服参茸燕菜鱼翅海参而后为智耶？星冈公之家法，后世当守者极多，而其不信巫医地仙和尚，吾兄弟尤当竭力守之。同治五年十月初六日《致澄弟》

注释

1 **标病**："标"与"本"相对，引申为非根本性的病。

2 **鲜**：少。

3 **胡文忠公**：指湘军将领胡林翼。

4 **李勇毅公**：指湘军将领李续宜。

5 **精凿**：舂去谷物的皮壳，亦指舂过的净米。

184. 养身之法不在服药

曾国藩生平不大相信服药治病的功效，比较重视自身调养气血之法。这种方法实来源于古贤先儒的养生之术。虽然，这种不信医药的观点在今天医学高度发达的现实之下是不可取的，但他提出不迷信医药，注意加强自身体质的调养锻炼，则是有借鉴意义的。

原文

养生无甚可恃[1]之法，其确有益者：曰每夜洗脚，曰饭后千步，曰黎明吃白饭一碗不沾点菜，曰射[2]有常时，曰静坐有常时。纪泽脾不消

化，此五事中能做得三四事，即胜于吃药。纪鸿及杏生等亦可酌做一二事。同治十年八月二十五日《谕纪泽纪鸿》

注释

1 **恃**：依赖；依靠；依着。

2 **射**：射箭。

185. 体弱不宜随便服药

曾国藩在篇中提出有病“总不宜服药”的主张，似有偏颇之处，但他强调当时“乡间多庸医”是符合事实的。特别是他提倡“饭后走数千步”的养生之术是有一定道理的，因为它重在增强人体自身的抵抗能力。

原文

尔体甚弱，咳吐咸痰，吾尤以为虑，然总不宜服药。药能活[1]人，亦能害人。良医则活人者十之七，害人者十之三；庸医则害人者十之七，活人者十之三。余在乡在外，凡目所见者，皆庸医也。余深恐其害人，故近三年来，决计不服医生所开之方药[2]，亦不令尔服乡医所开之方药。见理极明，故言之极切，尔其敬听而遵行之。每日饭后走数千步，是养生家[3]第一秘诀。尔每餐食毕，可至唐家铺一行，或至澄叔家一行，归来大约可三千余步。三个月后，必有大效矣。咸丰十年十二月二十四日《谕纪泽》

注释

1 **活**：救治；救活。

2 **方药**：医方和药物。

3 **养生家**：精通养生术的人。

186. 生病不宜乱投医乱服药

此篇宗旨是教儿子懂一点医药知识，明白治病有标本之分。并以生动浅显的道理说明了“戒克伐之剂，禁屡换之方”的医学道理。

原文

纪泽于看书等事似有过人之聪明，而于医药等事似又有过人之愚蠢。即如汗者，心之精液，古人以与精血并重。养生家惟恐出汗，有伤元气。泽儿则伤风初至即求发汗，伤风将愈尚求大汗。屡汗元气焉得不伤？腠理[1]焉得不疏？又如服药以达荣卫[2]，有似送信以达军营。治标病者似送百里之信，隔日乃有回信；治本病者似送三五百里之信，经旬乃有回信。泽儿则日更数方，譬之辰刻[3]送信百里，午刻[4]未回又换一信，酉刻[5]未回再换一令。号令数更，军营将安所适从？方剂屡改，脏腑安所听命？以后于己病母病宜切记此二事。即沅叔脚上湿毒，亦宜戒克伐之剂，禁屡换之方。余近年学祖父星冈公夜夜洗脚、不轻服药，日见康强。尔与沅叔及诸昆弟能学之否？同治五年五月二十五日《谕纪泽纪鸿》

注释

1 **腠理**：中医指人体皮肤、肌肉和脏腑的纹理。是气血流通灌注之处。

2 **荣卫**：中医学名词，荣指血的循环，卫指气的周流。

3 **辰刻**：上午七点到九点。

4 **午刻**：上午十一点到下午一点。

5 **酉刻**：下午五点到七点。

187. “惩忿窒欲为养生要诀”

此篇的宗旨，是教育儿子修身养性、保养身体，处理好读书与休息（包括游玩）的关系。启迪儿子明了以“惩忿窒欲为养生要诀”，不要“好名好胜而用心太过”，还特别指出“药虽有利，害亦随之，不可轻服”，这些都是颇有见地的。

原文

以后在家则莳养[1]花竹，出门则饱看山水，环金陵百里内外，可以遍游也。算学书切不可再看，读他书亦以半日为率。未刻[2]以后，即宜歇息游观。古人以惩忿窒欲为养生要诀。惩忿即吾前信所谓少恼怒也，窒欲即吾前信所谓知节啬也。因好名好胜而用心太过，亦欲之类也。药虽有利，害亦随之，不可轻服。切嘱。同治四年九月二十九日《谕纪泽纪鸿》

注释

1 **莳养**：种养。

2 **未刻**：相当于下午一点到三点。

188. 多食蔬有利于节俭和养生之道

此篇宗旨是告诫儿子崇尚节俭。大鱼大肉并非就是养生的菜肴；而夜饭不荤，专食菜蔬，既养生，又是崇俭之道。从科学养生和崇尚节俭两个方面对后辈进行了言传身教。

原文

吾近夜饭不用荤菜，以肉汤炖蔬菜一二种，令其烂如臡[1]，味美无比，必可以资培养菜不必贵，适口则足养人，试炖与尔母食之星冈公好于日入时手摘鲜蔬，以供夜餐。吾当时侍食，实觉津津有味。今则加以肉汤，而味尚不逮于昔时。后辈则夜饭不荤，专食蔬而不用肉汤，亦养生之宜，且崇俭之道也。颜黄门[2]之推《颜氏家训》作于乱离之世，张文端[3]英《聪训斋语》作于承平之世，所以教家者极精。尔兄弟各觅一册，常常阅习，则日进矣。同治四年闰五月十九日《谕纪泽》

注释

1 **臡**（ní）：有骨的肉酱。

2 **颜黄门**：即北朝颜之推，撰有《颜氏家训》，叙述立身治家之法，辨正时俗之谬，以训子孙。黄门：古代官名。

3 **张文端**：即清前期廷臣兼学者张英，谥号文端，撰有《聪训斋语》等。

189. 力戒太劳、喷呐、多酒三事

曾国藩认为，身体病弱，吃补药为万不得已之法。这也是祖辈遗传下来的家风。关键的问题，是发挥人的主观能动性，在戒除不良嗜好的同时，学射箭、起早，也就是坚持保养和锻炼自身体气的两种行之有效的方法。曾国藩在这里强调的不仅仅是养身，更重要的是谨守家风的问题。

原文

澄弟平日太劳伤精，喷呐伤气，多酒伤脾。以后戒此三事，而常服补剂，自可日就痊可。……

家中后辈子弟个个体弱，喷呐、吃酒二事须早早戒之，不可开此风气。学射最足保养，起早尤千金妙方、长寿金丹也。咸丰十年三月二十四日《致澄弟沅弟》

190. “心常用则活，不用则窒”

曾国藩为了教育儿子成才，真是费尽了心血：针对儿子为文辞藻贫乏，就指导儿子读《文选》、抄《文选》上的典故辞藻以为济贫之粮；针对儿子记性不好又不理解汉赋的意味，就指出儿子对汉赋暂不要急于求记；针对八股文易使人思想僵化、无大用处，就要求儿子不必花大力气去作八股文；针对心“常用则活，常用则细”的特点，又勉励儿子要常常作八股以外的文章等等。因此，曾氏后代个个成才，殊非偶然。

原文

尔现看《文选》，宜略抄典故藻汇，分类抄记，以为馈贫之粮[1]。《文选》前数本系汉人之赋，极难领会，后半则易看矣。余所见友朋中，无能知汉赋之意味者。尔不能记忆，亦由于不知其意味。此刻不必求记，将来若能识得意味，自可渐记一二。余向来记性极坏，近老年反略好些，由于识得意味也。时文亦不必苦心孤诣[2]去作，但常常作文。心常用则活，不用则窒；常用则细，不用则粗。咸丰十年二月二十四日《谕纪泽》

注释

1 **馈贫之粮：**济贫之粮。这是比喻学者需要博闻广见，如贫者需要食粮。

2 **苦心孤诣：**费尽心思。

曾国潢家训

曾国潢（1820—1886），原名国英，字澄侯，曾国藩二弟，捐监生出身。遵父命留在家中协助主持家政，在父亲去世后为解除兄弟们治军从政的后顾之忧，悉心教导子侄辈读书做人。曾国藩曾在家书中，怀着感激的心情表示对曾国潢要敬三杯酒。曾国潢在延续曾氏家训、家风方面，毫无疑问做出了重要贡献。他的后代中能人辈出，如曾昭抡、曾昭燏等，或是科学家，或是学者，或是有影响的政治家。

191. 临考前不可锋芒“先露”

道光二十八年即1848年前后，曾国荃、曾国葆等正在长沙城南书院就读，曾国潢作为二哥，放心不下弟弟们的科考之业。他在信中针对曾国荃“胆量素大”的特点，细心嘱咐弟弟进考场应试之前，不要走出轿子就显得兴奋急躁。这样做有两个好处，一是临考前“静养片瞬”，二是不使锋芒先露，“免旁人生忌心”。就现代心理学、人际关系学而言，这个观点是可取的。

原文

沅弟[1]胆量素[2]大，或借一时辰表佩到身上亦可。凡进场[3]，临到学院门口，总坐到轿子内，莫出来，一则可以静养片瞬[4]；一则锋芒不使先露，免旁人生忌心。道光二十八年八月初十日《致沅弟季弟》

注释

1 **沅弟**：指曾国荃，字沅甫。

2 **素**：向来；一向。

3 **进场**：进考场。

4 **片瞬**：片刻；一会儿。

曾国荃家训

曾国荃（1824—1890），字沅甫，号叔纯，曾麟书第四子，族中排行第九，人称“曾老九”。贡生出身。官至两江总督、两广总督、署礼部尚书等职。他幼年接受过严格的传统教育，并受长兄曾国藩诸多教诲。晚年做官能念民力之艰辛，慨国势之微弱，实心任事，有官声。曾国藩去世后，他对曾纪泽等子侄辈悉心关照教育，为延续曾氏家规、家训、家风做出了努力。他的儿媳妇刘鉴受其影响，撰有《曾氏女训》，弘扬、发展并创新了曾氏家训的内涵。他的后人出了曾宪植、曾宪杰这样有影响的政治家和艺术家。

192. “举业工夫”不可荒废

曾国荃给曾纪泽写这篇家训的时候，正在江浙前线带兵打仗，两个儿子年少不懂事，从而嘱咐在家乡读书的侄儿负责督导堂弟们好好读书。同时，他对侄儿曾纪鸿读书应考进程作了具体指点，强调先打基础，然后循序渐进。

曾国荃还以自己未能取得科举考试更高功名为例，坦诚训导曾纪泽帮助他的儿子们完成他的心愿。话语不多，但情真意切，便于曾纪泽感悟叔父一片望子成龙的苦心，督导堂弟的责任感也就自然加强。

原文

侄读书之暇[1]，烦至我宅，肫笃[2]训示纪瑞[3]、纪官[4]，课读有恒，明年即从南波先生[5]，熟诵经书，亦有大益也。侄随时指点一二语，则启发二子不少矣。栗諴[6]宜学举业工夫，售科[7]之后，再视制艺为敲门之砖，乃究心于经史、文词、考据，不为迟也。

余生平以不能文、不中式[8]为恨，所以至今望儿子辈造就有成，于余心乃大快耳。烦侄引诱奖励，步步入胜，是为至荷[9]，并烦常写评信[10]与余，以慰远念。同治元年十月初三日《谕纪泽侄》

注释

1 **暇**：空闲时间。

2 **肫笃**：诚恳忠实。

3 **纪瑞**：指曾国荃的长子曾纪瑞。

4 **纪官**：指曾国荃的次子曾纪官。

5 **南波先生**：指私塾先生。

6 **栗諴**（xián）：指曾纪泽的弟弟曾纪鸿，字栗諴，深谙音律之学，又是数学家，可惜英年早逝。

7 **售科**：进入正规学校读书。

8 **中式**：科举考试被录取。

9 **至荷**：承受深厚恩惠。

10 **评信**：评论分析的书信。

193. 官位高贵者“礼亦不可不周到”

同治七年即1868年农历十一月初四日，曾国藩奉旨从江宁启程赴直隶总督之任。按例，他须到京城去面见皇上，同时在京城逗留期间要去看望昔日的上司、同僚、朋友。曾国荃在此篇一开头就向曾纪泽通报，你的“父亲此行不能不从俗套，多带赀斧”。赀斧即是银钱。由于曾国藩手头无过多积蓄，还是金逸亭先资助了万两银子，紧接着李鸿章、左宗棠共资助“四万有奇”。针对曾国藩花钱打点、以物传情应“俗套”这件事，曾国荃在给曾纪泽的书信中作了坦诚的表白。这其中有无奈，有难言之隐，同时不自觉地告诫侄儿不得不正视现实，不得不讲究人际关系。

原文

大丈夫得志于时，匪道德文章[1]冠绝当时，则此礼亦不可不周到，有时此物[2]比道德文章更觉贵重，其势使之然也。……位愈高则居之愈难，惟圣贤可以当此而无愧。但多费精神为可念耳。……同治七年十一月二十四日《谕纪泽侄》

注释

1 **道德文章**：指人品学问。

2 **此物**：指礼节。

194. 不能随意自视为读书人

曾国荃虽然未中过举人和进士，但他也是一个读过书的人。在篇中，他反思自己从痛恨别人看不起他不是“大知识分子”到他“弃文就武”之后，随着阅历的增长，特别是对于学识才能的实际体验，心高气傲的虚骄习气逐渐有所改变。辞官闲居家乡数年间，更加感悟体察到读书做学问的重要性和必要性，坦陈自己知识粗浅，无法与读书做学问的人争高下。这种反思，出于至诚，对子侄辈下定决心用功读书，做有学问有本事的人，无疑产生着激励作用。

原文

十余年前，惟恐人不以读书人视我，有看低我者，未尝不忿然[1]于心。迨[2]后弃文就武，此病亦稍去大半。至前年弃官而为民，乃知我之本事尚差得紧，不应于读书一道争衡于今之世，矧[3]与能文者比肩[4]而立乎？同治八年二月初十日《复纪泽侄》

注释

1 **忿然**：愤怒。

2 **迨**（dài）：到达；等到。

3 **矧**（shěn）：况且；也。

4 **比肩**：平起平坐；并肩。

195. 居官办事宜有广阔胸怀

同治九年即1870年，曾国荃听从长兄曾国藩的劝告，于1867年

12 月再次辞官，居家近三年之久。这是因为，自 1864 年秋湘军攻占太平天国首都天京之后，朝廷对曾国藩、曾国荃兄弟为首的湘军极不放心，极力怂恿一些御用官吏利用曾国荃部攻占南京时军纪有所松弛、私占钱财的事情时有发生这件事，借题发挥，用以消磨湘军锐气。曾国荃牢记长兄曾国藩的教诲，不仅协助曾国藩主动撤裁大部分湘军，而且辞官回乡，不与闻国事和地方公事，尽力做到修身养性、收敛锋芒。他在篇中以自身习性的转变为例，教导曾纪泽等子侄辈养成淡泊闲适的胸襟。居家如此，做官如此，为人处世如此，这样就可减少许多烦恼，避免诸多不快。曾国荃在这里并不是引导子侄辈消极处世，而是劝导他们要以明智态度去应对世事人情。

原文

山中淡泊滋味，愈尝之久则愈弥以长，不至其境不知也。十年前，余第[1]知“实”字、“勤”字为持身涉世之要道。同治元年[2]起，余即悟出“闲”字、“空”字之妙义，故能得大宠大辱置之度外，所以举世非之而不顾，亦能视举世摧之而于我无与也。居官办事，亦不可不存此胸襟。同治九年八月初二日《复纪泽侄》

注释

1 **第**：只。

2 **同治元年**：1862 年。

196. 避居乡里可免子孙沾染不良习气

曾国荃在其兄曾国藩去世后不久，即写信给曾纪泽、曾纪鸿两个侄儿，主张为后世子孙的成长着想，还是久居湘乡老家为妙。因为在闹市区安居，既有违先人“不忍轻去梓乡之意”，又对子孙成才不利。

原文

若议及久远安居，则又以僻乡为长策，一则可杜万世子孙市井之习，一则仰体[1]先人存日不忍轻去梓乡[2]之意，想吾侄兄弟与四叔面议之时必以此论为然。近省垣觅地比衡湘山中更难，过于近四达之衢[3]，则难期五患[4]之免。余提兵三千余里，每见近城名墓，哭被惊扰、罹患者多矣，非当孔道[5]者则晏然[6]无恐，此层亦不可不先虑及。同治十一年二月二十六日《谕纪泽纪鸿》

注释

1 **仰体**：敬慕体察。
2 **梓乡**：故乡。
3 **衢**：大路。
4 **五患**：指对财、色、名、饮食、睡眠这五种欲望的追求。
5 **孔道**：通道。
6 **晏然**：平安的样子。

197. 家庭极盛之后尤需谨守“持盈保泰之道”

曾国荃在这段家训中，希望侄儿曾纪鸿等注意处理两个方面的问题：一是在曾氏家族极盛之时，要特别重视保持谦虚谨慎的言行；二是曾纪鸿等曾氏家族第二代，应当彼此相亲相爱，互帮互助，不要存在丝毫区别之意。自长兄曾国藩逝世后，曾国荃自然担当起了教导子侄辈珍惜来之不易的名誉、地位的职责，将曾氏家族家训理论有机融合于治家实践之中。

原文

吾与贤昆弟皆承家庭极盛之后，全赖心中有持盈保泰之道，方[1]可以继渊源，不特一举一动不可丝毫错误，即一话一言亦要想量周到。至于骨肉兄弟之间，尤宜相亲相爱，相忍相让，方不至为旁人之言所惑。子犹[2]侄也，侄犹子也，同是父母同气连枝而来也，不必有区别之见耳。光绪元年四月《谕纪鸿侄》

注释

1 **方**：才；于是。

2 **犹**：如同；好像。

198. 处世须“戒巧”与“戒吝”

为了教导子侄辈谨守忠厚老实、不怠慢不鄙薄他人的家风，以求得来之不易的名誉、地位和显赫家业世代延续，曾国荃以自身经历为例，反复强调谨守这一传统家风的必要性和重要性。字里行间浸透着长辈对晚辈语重心长的有血有肉、有理有据的平等交流，易使受教育者领会体察。

原文

余待人悉秉先训，行事说话皆不忍流于薄[1]，且谕科四[2]、科六[3]守累世[4]忠厚之传，良以操之己者，惟此一字，其他不能见长于世。冀[5]以此为安身立命之所，或亦可得报于将来也。揆之天理人情，必不可不厚，以存吾之所固有。究之利害是非，心中亦极分明。特我处于利与是之交，别人必立于害与非之地。若由人力所致，诚虑[6]天意不予，反为两失之道。先贤云：“义亦何尝不利。”味最深长。吾辈同处季世[7]，首宜戒巧，次宜戒吝，方免灾祸。若任人而不任天，纵或取快于

一时，他日必有执其咎[8]者，何可当也。光绪元年六月十四日《谕纪泽侄》

注释

1 **薄**：冷淡；不深；浅显。

2 **科四**：指曾国荃的长子曾纪瑞。

3 **科六**：指曾国荃的次子曾纪官。

4 **累世**：世世代代。

5 **冀**：希望；希冀。

6 **诚虑**：实在忧虑；实在顾及。

7 **季世**：末世。

8 **咎**（jiù）：过失；罪过。

199. 应“敛精神于浑厚之中”

曾国荃在篇中叮嘱侄儿曾纪鸿，要在修身处世方面为曾氏子弟做出榜样。不仅要在日常生活细微处下功夫，更应在治国平天下方面下大力气积聚才识和身体素质；不仅要求曾纪鸿本人做到如此，而且要去影响弟弟们身体力行。由此可见，曾国荃担心的是曾氏家族家风的堕落，深切期盼“久远之福”代代相传。

原文

吾尝[1]私忆吾侄劳心太过，精骛[2]八极[3]，而犹自谓其隘[4]也，神游[5]万仞[6]而尚自嫌其未高也。必以劳力之役[7]流行其气血，以助心血之膏液，方为两收其利，且可以统帅诸弟六七贤者，又可以表率子侄数十，余兄弟群相师法，咸趋于有体有用、经文纬武之大业。然吾想下手工夫补其所不及，则在于每日操习十八段工夫二次，自然可以敛精神于浑厚之中，指考校于毫厘之际，蓄其分用于微眇[8]者，以储为邱山[9]之用。不特补救于国家者为大且远，即一身之渊涵渟注[10]根于无极之静，受福为无穷矣。

栗诚、纪瑞亦于坐静精细之地性最相近，而于动处，手舞足蹈，乘斯[11]二者尚少功夫。吾亦愿其均习此工课，惟望吾侄效圣人教训子由子[12]为政之先之劳之，以身作则，则诸弟无不师法成效，后辈取法前辈，实为一门久远之福，而吾道益光[13]矣。

余于书理最浅，而于造化盈虚消息、日用常行人情世故、国家治忽[14]机关，晤[15]之已久，参透最深。望侄俯如所嘱为要。即候满门均佳。光绪元年七月二十四日《谕纪泽侄》

注释

1 **尝**：曾；曾经。

2 **鹜**（wù）：同“务”。

3 **八极**：八方极远的地方。

4 **隘**：狭窄；狭隘。

5 **神游**：神交。

6 **仞**（rèn）：古时八尺或七尺叫作一仞。

7 **役**：需要出劳力的事；役使。

8 **眇**（miǎo）：细小；微末。

9 **邱山**：喻指大事业。

10 **渟注**：深广，专注。

11 **斯**：此；这。

12 **子由子**：孔子弟子。

13 **光**：光彩；荣耀。

14 **治忽**：治乱。

15 **晤**：同“悟”，体察、感悟。

200. “存心以利世济人为久远之规”

曾国荃因镇压太平天国农民起义成功，引发朝野对他的猜忌之心，承受来自各方舆论的攻击而不得不辞官居家数年，从而对世事人情看得前所未有之透彻。在篇中，尽管消极情绪不时流露于字里行间，但他反复强调的是如何延续家风的问题，认为清心寡欲、多做善事特别重要。

原文

吾近来体认以慈为孝之道理亦极精微，所以屡寄谕训示科四、科六，谅吾侄见之必不以为非。吾并望侄与诸弟皆早明此理，身体力行之。盖人生在此，科名勋业、道德文章、货利声色皆是浮云之过太虚[1]，惟养生卫生，无灾无害，生生不息，以承奉先世馨香俎豆[2]，百世不替[3]，方是实实在在得于己者，外此皆虚空之具，不必骛也。不特富贵功名为无味之物，即道德文章亦如斯文[4]一般，吃不得，穿不得。居其实而享其名者，则无后患，倘实不足以副其名者，则其后往往奇穷，而无偶有所遇者。不如专尚因果[5]之说，存心以利世济人为久远之规。盖自三代[6]前后以至今兹，圣君贤相发迹久长，未有不从积善以获余庆[7]者也。光绪元年七月二十八日《复纪泽侄》

注释

1 **太虚**：天空。

2 **馨香俎（zǔ）豆**：香美礼器。

3 **替**：衰败；更迭。

4 **斯文**：儒者或文人。

5 **因果**：根据佛教轮回之说，善因得善果，恶因得恶果。

6 **三代**：指夏、商、周三个朝代。

7 **余庆**：泽及后人。

201. 尽人事而听天命

曾国荃通过对“天事”和“人事”“天道”和人道的辩证分析，告诫曾纪泽等子侄辈，流传已久的“天人合一之理”不可以丝毫更改，应当谨守不一，应该通过自身的能力去发挥其应有的作用。

原文

天事人事即天道人道[1]，一身之事，有天有人。一室一家之事，有天有人。可尽者人事，不可知者天事，固也。然指其变者而言之也，尽人以合天，事苟[2]至于极而天事亦因而凭依之，亦常有之。大而国与天下吾不得而与闻矣，小而一身一家乃吾耳目心思之所能及，亦不能不天人交尽以称吾职而满乎吾之量，若稍寓操纵之意于其间，则人事多而天事少。如积至诚以感孚[3]夫[4]上下左右四旁，则任人少而任天多矣。《中庸》[5]一书，分言天道、人道而处处不离天人合一[6]之理，此圣学[7]之足为万世法程[8]也。光绪二年七月二十五日《复纪泽侄》

注释

1 **天道人道**：自然规律和人类社会的道德规范。

2 **苟**：假若；如果。

3 **孚**：使人信服。

4 **夫**：指示词。

5 **《中庸》**：儒家经典之一，原为《礼记》中的一篇。相传为战国初子思所作。

6 **天人合一**：人与自然界的融合。

7 **圣学**：圣人之学。

8 **程**：法规；规程；程式。

曾纪泽家训

曾纪泽（1839—1890），字劼刚，曾国藩长子。他自幼接受过严格的科举教育和家学熏染，受父亲影响对西学多有了解，并做过专深研究。他曾出使英法俄前后达八年之久，为维护国家民族权利做出了积极的贡献。他作为曾国藩兄弟子侄辈中的长兄，无论是道德文章，还是言行举止，均尽力按照曾氏家训的要求，为弟弟和子侄辈做出了榜样，为传递弘扬曾氏家训主旨起过重要作用。

202. 世家子弟宜戒“傲”与“惰”

郭饴孙和郭丰饴是曾纪泽四妹曾纪纯和丈夫郭依永所生，作为舅舅，曾纪泽特别疼爱这两个外甥。这是因为，郭饴孙和郭丰饴的父亲郭依永24岁就离开了人世，母亲35岁时忧郁而死。光绪九年即1883年，远在英法等国出任大使的曾纪泽，心中无时不挂念着这两个失去父母的外甥。在篇中，他特别提醒外甥们要以“谦”和“勤”来抵制“傲”和“惰”的侵袭，勉励他们养成纯美的人品学识，千万不要被那些甜言蜜语和空泛虚假的赞许迷乱心志，误入歧途。在这里，曾纪泽不仅指出“傲”和“惰”的危害性，而且提出了力戒“傲”和“惰”的方法，就是力行“谦”和“勤”。

原文

世家[1]子弟颖敏过人者，易蹈[2]二病：曰傲，曰惰，然亦惟真颖敏者为能戒此二字。甥年虽幼，识解已如成人，二字在所必无，阿舅远在数万里之外，无以为赠，则仍举谦、勤二字以相勖勉[3]，庶几[4]粹然[5]美质，不至为甘言泛誉有所累耳。光绪九年七月初九日《巴黎复郭饴孙、丰饴两甥》

注释

1 **世家**：显贵家族。

2 **蹈**：践踏；步入。

3 **勖（xù）勉**：勉励；激励。

4 **庶几**：有可能；差不多。

5 **粹然**：纯洁；精华。

郭筠家训

郭筠（1847—1916），字诵芬，湖北蕲水县人。出身官宦世家。其父郭沛霖是曾国藩的同年进士，历官两淮盐运使、淮扬道道员等职，1859年殉节淮扬道任上。早在郭筠与曾纪鸿年幼时，就由曾国藩和郭沛霖做主定下婚姻。郭沛霖去世后，曾国藩时常对郭筠这位未来的儿媳妇从生活和学习方面给予多方关照。1865年5月下旬，郭筠与曾纪鸿的婚礼由曾国藩主持，在南京两江总督衙署隆重举办。

成婚之后，曾纪鸿继续攻读科举和钻研西方近代科技之学，郭筠则在尽妇道的同时，不放松读书、作文、作诗。曾国藩针对郭筠家学功底较为扎实的情况，多方鼓励其继续读书作学问。据《曾宝荪回忆录》记载说，郭筠与曾纪鸿成婚后，在曾国藩的悉心指导下读过《十三经注疏》《御批通览》等大部头书籍。1881年，丈夫曾纪鸿病逝后，郭筠担负起督导儿女的职责，同时坚持作诗文，将自己的书斋取名为"艺芳馆"，所作诗篇称《艺芳馆诗钞》。《曾宝荪回忆录》中记载说，郭筠知书达礼，家教极有方法，家中有人犯了过错，她"从不大声叫骂，只唤进自己房中轻言教训，撷古比今，总要人自知悔改才止"。所以，曾家后辈们都发自内心敬重她。尤须指出的是，自1872年家公曾国藩去世后，长兄曾纪泽因公于1878年携夫人子女出使西方达八年之久，归国后直至逝世，也从未回过家乡，所以郭筠实际上充当了富厚堂曾家主持人。她于70岁时在曾国藩手订"八本"家训、治家"八诀"的基础上，加以发展而订立《曾富厚堂日程》，共计六条，文字尽管不多，但寓意深刻，对曾氏家族后裔们产生过不可低估的影响。兹录其全文，以供读者品评。

203. 曾富厚堂日程

郭筠在《曾富厚堂日程》中就曾氏子孙后代立身处世的主要方面，作了提纲挈领的指导、要求和具体内涵上的训诫，小到日常生活的规划，大到为国家民族的“自强”着想，都作出了明确的要求和规定。耐人寻味的是，郭筠并未要求曾家男女一定要去追逐功名富贵，而是重点从人品、学识和才能上引导他们自立、自强。这一观点与曾国藩在生时的不望曾家子孙做大官、求大富贵的观点是一脉相承的。

原文

一、男女皆应知习一样手艺；二、男女皆应有独自一人出远门之才识；三、男女皆应知俭朴，每月所入，必要敷[1]每月所出，人人自己立一账簿，写算不错；四、男女皆应侠义性成，不应行为有亏[2]；五、男女皆应抱至公无私的心肠，外侮[3]自不能入而自强不求自至矣；六、我家行之一乡风化[4]，则强国之根基于此矣。据湖南省双峰县曾国藩故居文物保护和旅游开发管委会黄鹤鸣先生提供之复印件。

注释

1 **敷**：够；足。

2 **有亏**：有损；有不端言行。

3 **外侮**：来自外国、外族或外人的欺凌和侵犯。

4 **风化**：风俗教化；社会风气。

刘鉴家训

刘鉴（1852—1930），字惠叔，一字慧卿，长沙人。她的曾祖父、祖父、伯祖父均系进士出身，担任过中央和地方的重要官职。她的父亲刘若珪，由乡试副榜官员外郎，担任过知府等官职，1854 年在与太平军作战中阵亡。生长于侯门相府，数代书香门第，刘鉴自幼受过熏陶，诗词文赋、琴棋书画均有涉猎。她的丈夫曾纪官，是曾国荃的次子，出仕不到四年即于 1881 年病逝。此时，刘鉴年仅三十岁，女儿曾广敖和曾纪官前妻所生儿子曾广江均尚年幼；而曾纪官的哥哥曾纪瑞于 1880 年去世，两个儿子亦年幼无知。家公曾国荃先后任两广总督、两江总督，而且年老体衰，无暇也无力顾及家政和督导孙辈、曾孙辈。尤其是在曾国荃 1890 年去世后，刘鉴毅然担当起主持内务、督导子孙的重任，成为曾国荃一门四十余年间的核心人物。

刘鉴在督导儿孙辈的过程中，不仅重视为人处世方面的启发培养，而且根据曾国藩家族家规、家训主旨，结合时代、社会和家庭实际，编写家教读物《集字避复》和家庭女性综合教材《曾氏女训》，内容独到，实用特色突出，体现出刘鉴在继承和发展曾国藩家族家训理论与方法上的明显特点。《曾氏女训》由长沙忠襄公祠刊行于 1908 年，共计三册，分为《女范》《妇职》《母教》《家政》四个门类，总计十章，一百二十四课。兹从黄鹤鸣先生提供的复印件中节录其重要篇章，以供读者评判。

204. “有贤母然后有贤子孙”

刘鉴在《曾氏女训·自序》中，对编撰此家庭教育读本的历史背景、主要目的和过程作了简明扼要的叙述。尤其值得我们注意的是，刘鉴强调女子教育的必要性和重要性，在反思批判“女子无才便是德”传统观点的基础上，指出不要因为少数女子言行不端就否定对女子教育的必要性和重要性，绝大多数女子“可堪造就”，关键问题是要让她们有机会接受教育尤其是学校教育。她在篇中提出的“有贤女然后有贤妇，有贤妇然后有贤母，有贤母然后有贤子孙”的观点，三者紧密相连、不可分离，体现出锐敏的眼光和科学的哲理。在篇中，刘鉴特意告诉人们，处于新旧教育制度交替、新学与旧学并存的晚清时期，为了使曾氏家族子孙后代不致堕入“歧途”，从而旁征博引，全身心编撰《曾氏女训》以求在教育子孙方面收到“陶冶之助”。还应指出的是，刘鉴有感于新式学堂兴而复停的教育改革现实，她在《曾氏女训》中既沿袭旧学主旨，又吸收了新学的某些成分。这表明，刘鉴的《曾氏女训》并非只是对旧式家训的简单重复，而是对其加以发展创新。因为，《曾氏女训》分篇章出现，一方面反映出曾氏家族家训的整体性，另一方面又体现出新式教育的科学性。当然，刘鉴接受传统思想的影响是深厚的，她对纲常伦理的认同和坚守程度既明确又深厚，《曾氏女训》也就不可避免地存在着糟粕，这是需要读者引起注意的。

原文

……有谓女子，无才便是德者，汩[1]人性灵[2]，阻人进化，其害伊于胡底[3]。殊不知女子之失，非患有才，特患有才而不学，有才而不善所学。若幸通文翰[4]，正堪辅佐君子，勉其所不能，匡[5]其所不逮[6]。谁得而议之耶？……但门阀[7]有高下，人品有瑕瑜[8]，虽同一教育，不能同一造就。……夫《诗》[9]有师氏[10]之告，《礼》[11]有姆教[12]之从，何可以少数悖道[13]之女，遂易视巾帼之众，致其不学无术，忠不足以卫国，孝不足以事长[14]，慈不足以怀幼，明不足以干家[15]，毕生程度，惟在室累父母，出嫁累夫子[16]耳。可胜叹哉！然而剥极必复[17]，物理之常。困而思亨[18]，人事之变。迨[19]光绪辛壬[20]之际，我朝廷广集群言，叠举新政[21]，于是乎天家[22]有缠足之禁，士民有女学之兴。创始于沪粤，效法遍行省，而吾辈闺阁，乃有读书之一日矣。不意湘中二三女校，未及卒业，旋已奉停。虽热心教育家，又有家塾之建，而攻新讦旧[23]，莫定从违。鄙人固陋，兼困宿疾[24]，当立校之初，不能有所献替[25]，而况既停之后，其能从事补苴[26]哉！但念诸孙女方当就学之岁，无经籍以闲之，诚恐[27]弃本崇末，歧途致误，不揣[28]荒疏，拟编塾课数则以为陶冶之助。而庸识浅见，强事操觚[29]，犹治棼丝[30]，莫理端绪。幸连屋之缥缃[31]尚富，传家之典训未忘。探讨之余，悠然有得。用本往哲[32]，有贤女然后有贤妇，有贤妇然后有贤母，有贤母然后有贤子孙……迩者[33]顿惫略起，乃屏嚣[34]伏案，勉力终篇。分《女范》《妇职》《母教》《家政》四门，凡十章，计一百二十四课。惟是理朴辞轻，未敢鸣世[35]。爰[36]以《曾氏女训》署其笺，用之家庭，启我蒙幼，或无差焉。所愿教之者略文释意，俾知[37]取则于将来应尽之职，毋致陨越[38]。庶乎，纲维礼法，借以长存，则私衷[39]慰幸，匪[40]可言宣[41]矣。……长沙忠襄公祠清光绪三十四年刻本《曾氏女训·自序》

注释

1 **汩**：扰乱；埋没；影响。

2 **性灵**：性情，泛指精神生活。

3 **伊于胡底**：走到哪里去、不堪设想的意思。

4 **文翰**：指信札，公文书。

5 **匡**：帮助；纠正。

6 **不逮**（dài）：不能到达；不及。

7 **门阀**：指祖先建立功勋者之世家。

8 **瑕瑜**：比喻缺点和优点。

9 **《诗》**：中国最早的诗歌总集《诗经》。共三百零五篇，编成于春秋中叶，相传系孔子删定。

10 **师氏**：指女师。

11 **《礼》**：指中国儒家经典之一《礼记》。是研究我国古代礼制、社会状况、儒家学说的重要资料。

12 **姆教**：女师的教诲。

13 **悖（bèi）道**：违背正义的言行。

14 **事长**：对待尊长。

15 **干家**：维系家庭。

16 **夫子**：指丈夫和子女。

17 **剥极必复**：比喻衰落到极点就一定会兴盛起来。

18 **思亨**：思念顺畅；希望顺利。

19 **迨（dài）**：到达；等到；趁着。

20 **辛壬**：指1891年至1892年的时候。

21 **新政**：变革传统的举措。

22 **天家**：指帝王之家。

23 **讦（jié）旧**：指责过去的事情。

24 **宿疾**：多年病疼。

25 **献替**：比喻诤言进谏。

26 **补苴（jū）**：补充；缝补。

27 **诚恐**：实在害怕。

28 **不揣（chuāi）**：不想；不使。

29 **觚（gū）**：古代一种盛酒的器具。

30 **棼（fén）丝**：混乱。

31 **缥缃（piǎo xiāng）**：喻指书卷。

32 **往哲**：先贤；先哲。

33 **迩（ěr）者**：近来。

34 **屏嚣**：避开热闹喧哗；克制自己安心静气。

35 **鸣世**：闻名于世；影响他人。

36 **爰（yuán）**：何处；哪里；于是。

37 **俾知**：使明白。

38 **陨（yǔn）越**：跌倒；颠坠。
39 **私衷**：内心实情。
40 **匪**：不；不要。
41 **宣**：传播；散播出去；公开说出来。

205. 女子应以蓄养人品为重

刘鉴在篇中别开生面主张让女子养成良好品性的同时，还应当培养她们具有“巾帼不让须眉”的远大志向，希望女子们从一般家庭主妇角色的传统束缚中超脱出来，去实现更高更远的人生目标。尽管这一主张在当时是难于实现的，但反映出刘鉴的胸襟是广阔的，目光是长远的。尤其值得注意的是，刘鉴提出的对女子的教育目标、内容、方法等，确是对传统中国女学教育的发展、创新，反映她本人捕捉新时代环境的远见卓识。

原文

凡今之人，勉女子之德，则淑慎温良；授女子之业，则缝纫纺绩，不及其他也。而征诸典籍，如卫夫人[1]之书，管夫人[2]之画，宋尚宫[3]之文学，谢道韫[4]之词章，平阳主[5]之娘军，朱序母[6]之夫人城，皆女子中之允文允武，历历[7]可稽者。以此类推，吾女子既具敏慧之资，专一之性，苟能善于造就，虽未敢颉颃[8]古媛[9]，亦自可别于庸俗。惟当体认真切，总期不悖[10]先王之礼法，与姆师之典训。德必可以风世，业必可以造家。古人云：“王化[11]始于闺门，家人利在女贞。”果于幼时即修省振作，以后之进步，容有限量哉！《曾氏女训·女范·修身》

注释

1 **卫夫人**（272—349）：工书法，隶书尤善。晋代汝阴太守李矩之妻，世称卫夫人。

2 **管夫人**（1262—1319）：即元代著名女画家管道昇，书法家赵孟頫夫人，世称管夫人。

3 **宋尚宫**：即唐代女学官宋若昭。她与姐姐同为当时才女，姐姐宋若莘著有《女论语》等书，若昭著书立说的同时兼宫廷女教师。

4 **谢道韫**：东晋女词人，聪慧有才。

5 **平阳主**：唐公主。唐高祖第三女。李渊太原起兵，公主招纳数百人，后发展到数万人；李渊入关，与李世民会师渭北，公主领娘子军。

6 **朱序母**：东晋名将朱序的母亲。她面对敌军攻城，率城中妇女加固城墙，严加防守，最终保全城池，后人因之称为夫人城。

7 **历历**：分明可数；清清楚楚。

8 **颉颃**（xié háng）：泛指不相上下。

9 **媛**：美女。

10 **悖**（bèi）：违反。

11 **王化**：君王的德化。

206. 女子应以习勤习劳为要务

勤劳节俭，做得如何，对于每个人每个家庭都显得非常重要。所以，刘鉴在篇中针对女子出嫁到夫家后必须操持家务的实情，主张父母对女儿在娘家就应当从小让她养成勤劳节俭的习惯，并列出具体的事情详尽告知为人父母者，应手把手教会女儿做各项家务的技能。道理浅显却又寓意深刻，便于教者和受教者领会体验。

原文

夫女子未嫁，虽无井臼[1]之责，而服劳习勤之义，则不可不尽。常见女子在室，每自居以客，而父母亦容之，养就娇痴[2]，不知庶务[3]，非所宜也。善教女者，匪惟日常工作，不可苟简，行有余力，尚当挈之左右，借参家政。如理出纳，则使助书算；近庖厨[4]，则使助烹饪；执麻枲[5]，则使助纺绩；制衣服，则使缝纫。味[6]孔子爱之能勿劳乎之旨。当执务之际，宁数数休之不使安于颓惰。盖人心一惰，万事废弛，美质且暴弃矣。遑问[7]其余乎！昔鲁文伯[8]之母，尝言瘠土之民劳则思，思则善心生。足见勤之一字，不独兴家，兼可养德也。《曾氏女训·女范·修身》

注释

1 **井臼**（jiù）：比喻操持家务。
2 **娇痴**：娇小天真，不知世故。
3 **庶务**：日常事务。
4 **庖厨**：厨房。
5 **枲**（xǐ）：大麻的雄株，只开雄花，不结果实，属于大麻一种。
6 **味**：体会；体察。
7 **遑**（huáng）**问**：没有时间顾及；没有时间过问。
8 **鲁文伯**：春秋时期鲁国大夫公父文伯。

207. 女子应切戒梳妆打扮之习气

一个家庭的兴盛发达，原因是多方面的。这其中主持家务的女子能够养成勤劳节俭的好习惯，非常重要。而在“勤劳”与“节俭”这四个字中，“节俭”二字又是关键所在。因为，只开源不节流，金山银山也会挥霍干净。刘鉴在此篇家训中，围绕节俭做文章，运用历史上的合适事例，说明女子生活俭朴的重要性。即使是出身富贵人家的女子，如果养成奢侈滥用的习气，不仅影响到家庭的兴盛衰败，而且导致子孙养成贪图享受、不思勤劳进取的坏品性。这一观点，时至今日仍具借鉴启迪意义。

原文

凡贵家女子，当少小之年，居覆育[1]之下，父母爱如拱璧[2]，兄弟礼若嘉宾，饰选珍奇，衣裁纨绮[3]，逞[4]异翻新，无求不遂[5]。古人有言，既为象箸[6]，必为玉杯。象箸、玉杯，必将食熊蹯[7]、豹胎。固势使然也。女子所关，虽不若斯重大，但无厌之索[8]，骄纵之性，既具华簪[9]丽服，必思游山玩水，炫耀于人。亦情所恒有也。勿谓妆饰之微，不关紧要，一人作俑[10]，诸人效尤[11]。耗费金钱，侈靡风俗，实为家政之蠹[12]。昔明德马皇后[13]有言，吾为天下母，身服大练[14]，食不求甘，左右但着布帛，无香薰[15]之饰者，欲以身率下也。女子欲修俭德，可弗服膺斯语耶？《曾氏女训·女范·修身》

注释

1 **覆育**：父兄的保护、教养。

2 **拱璧**：泛指珍贵之物。

3 **纨绮**（wán qǐ）：细绢织成的美丽衣服。

4 **逞**：显示；放任；炫耀。

5 **遂**：就；于是。

6 **象箸**（zhù）：象牙筷子。

7 **熊蹯**（fán）：熊掌。

8 **索**：索取；需求。

9 **簪**（zān）：用金属、玉石做成的插在女人头上的簪子。

10 **作俑**（yǒng）：创始，用于贬义。

11 **效尤**：仿效；效法。

12 **蠹**（dù）：蛀虫。

13 **马皇后**（1332—1382）：明太祖皇后，助朱元璋定江山，组织将士家属制军衣军鞋等。史称贤后。

14 **大练**：粗糙的丝织品，裙子不加边缘。

15 **香薰**：香草熏染。

208. 女子应熟练一门手艺

从此篇文字可见，刘鉴面临晚清中西文化的交流、融合这一特定时代环境，已经具有知识女性的新思想、新观念，明确认定西方自然科学的进步性，明确主张将西方学校教育的内容融入女子教育之中。这一观点在新旧交替的晚清时期，是难能可贵的。

原文

夫家庭之教，必本朝廷之教。朝廷既主富强，家庭亦崇艺术。以环球之广，生民之众，而女子实居其半，若仍坐食投闲，贻[1]丈夫以内顾之忧，则家何由兴？家不兴，则国何由富？足见女子不学，匪独一身之害，而影响亦遂及于国家矣。《诗》云："掺掺[2]女手，可以缝裳。"又云："春日迟迟，采蘩[3]祁祁[4]。"皆从事女红[5]之义也。今凡女子学校，国文外之科学，有书算、格致[6]、图画、舆地[7]，有裁缝、刺绣、编织、造花，更有乐歌以涵养其德性，体操以发育其精神。果能仿效于家塾，娴习不懈，专精一艺，已足自强，而何患生存之无术哉！

《曾氏女训·女范·修身》

注释

1 **贻**：遗留；赠送。

2 **掺**（shān）**掺**：纤细的样子。

3 **蘩**（fán）：白蒿，嫩苗可食。

4 **祁祁**：众盛的样子。

5 **女红**（gōng）：纺织、缝纫等女子做的家庭日常工作。

6 **格致**：声、光、电、化等自然科学。

7 **舆地**：地图；地理学。

209. 女子应切戒游手好闲

“严内外、慎行止”这一传统的礼教，体现出对女子言行的整体要求，显然与男女平等的当今时势是不合拍的。但刘鉴在篇中重点强调尚在娘家做闺女的人，应当在恪守规矩的同时，养成勤劳务实的良好品性。进而，刘鉴将其扩大到国家社会这个大范围，引导女子们具有自立自强本能的基础上，为家庭为国家为社会多作贡献。这一观点，则突破了“女子无才便是德”或“三从四德”传统女训、女规的框架。

原文

礼女子十年不出，所以严内外、慎行止也。盖女非妇。若既无馌耕[1]之举，又无出汲[2]之劳，故宜及日乎闺门之内。当定省[3]之余，针黹[4]之暇，或习书数，或助庖厨，体亲[5]心而全女德，无过是也。切勿浓妆艳服，今日驱车，明朝泛棹[6]，受人指摘，致损门楣[7]。况当广兴女学之时，凡我巾帼，已有自强机会，不惟对于家庭有应谋之生计，即对于世界亦有当尽之义务。纵令焚膏继晷[8]，犹恐年不我待，而顾可玩景涉园，以旷[9]其光阴乎？《曾氏女训·女范·修身》

注释

1 **馌（yè）耕**：给在田野耕作的人送饭菜。

2 **出汲**：挑水。

3 **定省**：女子早晚向亲长问安。

4 **针黹（zhǐ）**：缝纫刺绣的事情。

5 **亲**：指父母双亲。

6 **泛棹（zhào）**：划船；坐船。

7 **门楣**：喻指门第。

8 **焚膏继晷**（guǐ）：夜以继日地勤奋学习。

9 **旷**：耽误；浪费。

210. 女子应摒弃迷信之恋

崇奉神灵保佑大富大贵、长生不老的风气，在中国传统社会延续了数千年之久，这是因为古代科学不发达，人们接受教育的程度低下。值得注意的是，刘鉴延续了曾氏祖训不信迷信的传统。这自然是可以理解的。但是，她特意将佛学中的极乐世界之说和因果报应之说也视作迷信加以抨击。当然，她抨击的不是佛学整体内涵，而是针对菩萨保佑的唯心成分，尤其针对有的女子到外边抛头露面，有碍风化的现象，进行深入的剖析和指责。认为这关系到女子修养身心的好坏，特意提醒女子对这个问题的高度重视。

原文

仙佛之说，自秦汉以来，上而王侯，下而士庶[1]，尊崇供养，难更仆数，岂以男子不解之迷信，而独戒之于深闺弱质[2]，不亦失于轻重之权[3]乎？殊不知女子以贞静为主，无故不窥[4]外庭[5]，焉得赴会朝香，抛头露面？其所以然者，皆缘未闻诗礼，昧于圣道，不知穷通[6]由于命定。而谓富贵可以幸求，东寺上幡[7]，西寺献匾，或延[8]僧礼谶于萱堂[9]，或结伴皈依[10]于竹院，耗金钱，饱蠹民[11]，尚属余事，特少艾[12]缁流[13]，晤言酬对，殊乖[14]礼法耳。《曾氏女训·女范·修身》

注释

1 **士庶**：读书人和平民百姓。

2 **深闺弱质**：指女子。

3 **权**：衡量；权宜。
4 **窥**（kuī）：暗中察看。
5 **外庭**：泛指家庭以外。
6 **穷通**：贫困与显达。
7 **幡**（fān）：一种窄长的旗子，垂直悬挂。
8 **延**：请；聘请。
9 **萱堂**：母亲或母亲居处的代称。
10 **皈**（guī）**依**：回归或依附于佛学。
11 **蠹**（dù）**民**：侵吞他人财物的人。
12 **少艾**：美貌少女。
13 **缁**（zī）**流**：僧徒。
14 **乖**（guāi）：违反情理；行为不正常。

211. 儿媳妇应小心谨慎服侍公公婆婆

刘鉴在篇中讲的是已做儿媳妇的女子，忠心服侍公公婆婆是其职责和义务。在服侍公婆的过程中，就生活起居方面而言，又必须根据年龄和身体状况区别对待；就教养公婆的态度而言，又必须根据公婆的脾性是宽还是严而加以区别对待。按照刘鉴这一方法去实行，家庭矛盾有可能很少出现，做儿媳妇的良好形象也就能够得到家人的认可和赞扬。

原文

……事盛年之舅姑[1]，请衽[2]请席[3]，捧匜[4]授巾，问衣寒燠[5]慈以旨甘易也。事衰病之舅姑，抑搔苛痒，料量医药，调护饥饱，扶持先后。难也。然非诚意体贴，能免愆尤[6]之丛集耶？且尊长之性质，亦宽严各别。奉宽和之舅姑，固宜从令；奉严肃之舅姑，尤宜顺命。勿得违戾[7]是非，争分曲直也。总之，真有孝养之诚，自有事奉之法。……《曾氏女训·妇职·敬事》

注释

1 **舅姑**：丈夫的父亲和母亲。

2 **请衽**（rèn）：询问睡觉的事。

3 **请席**：询问吃饭的事。

4 **匜**（yí）：古代洗漱时用来舀水用的器具。

5 **燠**（yù）：暖；热。

6 **愆**（qiān）**尤**：过失；罪过。

7 **违戾**（lì）：罪过；乖张。

212. 家庭主妇应慎重祭祀祖先之礼

祭祀祖先的仪式，在古代中国成为了一种不需任何官方约束而代代相传的社会风尚。这与中国传统文化中崇老尚古或敬天法祖重要内涵紧密联系在一起。尽管通过祭祀祖先可以获得内心对祖先追念之情的释放，更重要的是人们通过这类活动，向子孙后代传递着一种影响力深远的信息，尊者、长者、亲者的恩情不能忘怀，对去世者的追念，实际上就是告诉儿孙辈应对活着者尽孝顺之心。刘鉴在篇中重点就祭祀这件事，告诫家庭主妇应当全力筹划，竭尽诚心将这一活动进行得庄重体面“而不失其伦”。这里讲的是家庭主妇的义务和责任，不能有半点马虎和应付的痕迹流露其中。当今社会，祭祀之类家庭重要礼节形式，已经不复存在了，但作为妻子或儿媳妇，每当重要节假日举行家庭宴会时，仍有必要尽心尽责，筹划一切。这一点是不能忽略的。

原文

……曾子[1]曰：“慎终追远，民德归厚矣。”己之德厚，民且化之，而况一家之子姓，有不率遵成宪乎？是以主妇于治理一切，必尽悫[2]尽敬，以致其诚。凡祭器，如俎豆[3]尊罍[4]之属；祭品如枣脩榛栗之类，宜特别珍藏，勿混淆杂置。祭之先日，主妇必躬督[5]家众，祭器则洁浣[6]，祭品则虔修[7]，牲牷酒醴备于外，仁孝思慕积于中。当祭之时，告其明信，申其悃款[8]，长幼序立，雍容肃拜，而不失其伦[9]，则先灵[10]永享矣。《曾氏女训·妇职·敬事》

注释

1 **曾子**：即曾参（前505—前436），春秋鲁国孔子弟子，以孝行著名于世。

2 **尽悫**（què）：竭尽诚心。

3 **俎**（zǔ）**豆**：古代宴客和祭祀等使用的礼器。

4 **尊罂**（yīng）：盛酒等流质的容器。尊同“樽”。

5 **躬督**：亲身督促。

6 **浣**（huàn）：浣洗。

7 **虔**（qián）**修**：恭敬而得体。

8 **悃**（kǔn）**款**：真心诚意。

9 **伦**：人伦；等级；次序。

10 **先灵**：祖先的灵魂。

213. 家庭主妇应对丈夫深怀敬重温顺之心

刘鉴在篇中，并不是一味强调妻子对丈夫的被动服从，而是指出妻子对丈夫以礼相待、恭敬如宾的同时，应当充分理解丈夫的辛勤付出，并尽力为丈夫分担忧愁，共同战胜困难。对于好吃懒做、不思进取的丈夫，做妻子的就应当直言规劝使其改正过错，如果规劝无效，则应想方设法加以防范挽回。尤其值得注意的是，刘鉴主张的面对败坏家业的丈夫，不能一味顺从，而应“变通行之”的观点，体现了实事求是的内涵。

原文

……明礼之妇，房室周旋，恒自警惕。夫至则立，夫召则对，不称尔[1]我，俨[2]如宾客。妇女荏弱[3]，必赖丈夫之赡养，为夫者或借[4]艺术以积资财，或恃力作以谋升斗[5]，俱属辛苦所成，尤宜勤俭匡扶，俾[6]安职业。夫如生计不裕，当耐心相处，勿生怨怼[7]。夫如游荡败家，当苦口切谏[8]，谏如不听，必暗设保全之法。为妇者，虽不可忘敬以亵[9]彝伦[10]，亦不可徒顺以失祖业。是又在贤妇变通行之耳[11]。《曾氏家训·妇职·敬事》

注释

1 **尔**：你。
2 **俨**（yǎn）：庄严；齐整。
3 **荏**（rěn）**弱**：软弱。
4 **借**：凭借；利用。
5 **升斗**：比喻微薄、少量，喻指口食。
6 **俾**（bǐ）：使；把。
7 **怨怼**（duì）：怨恨；不满。
8 **谏**（jiàn）：直言规劝，使改正错误。
9 **亵**（xiè）：轻慢；不恭敬。
10 **彝伦**：天地人之常道。
11 **耳**：罢了。

214. 家庭主妇应明白教育儿女的方式方法

刘鉴在篇中明确指出，儿童在成长过程中，母亲起的作用至关重要。从而，她告诫做母亲的人应该担当起培养造就儿女的职责，千万不要对儿女放任自流，这不仅不是关爱他们，反而是害了他们。做母亲的人既然责任重大，所以就必须严格要求自己，在言行举止方面为儿女做出好榜样。同时，应当全面提高自己培养造就儿女的本领和能力。对于儿女的培养造就，应当落实在一个“教”字。这一观点，至今仍具启发借鉴意义。

原文

古人有言，人材成，自儿童始。未就外傅[1]之先，与有密切关系者，厥[2]惟母氏。故作女时，必有良善教育，方能作妇。妇职克[3]修，母仪斯立。大凡儿童之优劣，实由母氏之作养[4]。盖幼秩之性，浑然[5]太璞[6]，恒以先入之言为主。故当随其资质，审[7]其欲恶，绳[8]以善道。稍长有知识，即示以伦常之义理，贤圣之阶梯，日渐月摩[9]，天性自然开朗。切勿溺爱姑息，动恐儿童受屈，任其嬉戏废学，纵其傲慢犯上，迨及老大无成，悔之已晚。盖子女之不上达[10]，大半为母娇惯所误。故昔人于母道不取其慈而取其教，防此失也。《曾氏女训·妇职·敬事》

注释

1 **外傅**：古代以保姆为内傅，称教师为外傅。
2 **厥**：其。
3 **克**：能。
4 **作养**：负责培养。
5 **浑然**：简直；几乎；全部。
6 **太璞**（pú）：非常纯朴。
7 **审**：明悉，详知。
8 **绳**：纠正；约束。
9 **摩**：研究切磋。
10 **上达**：上进。

215. 家庭主妇应做到妯娌[1]间和睦相处

刘鉴在篇中首先分析了妯娌之间产生矛盾的种种原因，进而提出了防止矛盾发生和解决矛盾的方式方法，合情合理，有理有据，易于受教者领会体察，寓意深刻。这充分体现出刘鉴丰富的实践经验和全面系统的学识。

原文

夫兄弟以情亲也，妯娌以义合也。由异姓而成眷属，事奉同，祭祀同，井臼[2]同，想当因义以笃好[3]矣。而偏不然者，其理无他，或因尊长钟爱而生忌，或因婢妪[4]谗谮[5]以交恶，或袒护子女，或竞争财物，种种私见，以致参商。妯娌失欢，则兄弟不友，诚伦理之患也。《语》[6]云："家和万事兴。"为冢妇者，年既长而更事[7]多，必开诚布公，详示其娣[8]，辞婉而意不夸，娣自感悦服从，化除畛域[9]。为介妇[10]者，毋存敌耦[11]之见，一应请于冢妇。事务任其劳，衣食推其美，尽其在己，不问在人。则钟礼郝法[12]，不足专美矣。庸[13]有龃龉[14]之虑哉！《曾氏女训·妇职·敬事》

注释

1 **妯娌**（zhóu lǐ）：哥哥的妻子和弟弟的妻子的合称。

2 **井臼**（jiù）：比喻操持家务。

3 **笃好**：指感情深厚。

4 **婢妪**（bì yù）：指女佣人。

5 **谗谮**（chán zèn）：恶意中伤；造谣诬陷。

6 **《语》**：即儒家典籍《论语》。

7 **更事**：经历过许多事情。

8 **娣**：古时妇人称丈夫的弟媳妇为娣。

9 **畛**（zhěn）**域**：界限；你我。

10 **介妇**：古时称非嫡长子的妻子为介妇。

11 **敌耦**（ǒu）：匹敌；对立。

12 **钟礼郝法**：晋代王浑的妻子钟氏，与弟媳妇郝氏均有德行。钟氏虽出身官宦之家，但与郝氏相亲相重；郝氏则不以出身低微去横蛮无理地对待钟氏。时称钟夫人之礼，郝夫人之法。

13 **庸**：岂，难道。

14 **龃龉**（jǔ yǔ）：比喻意见不合，相互间闹矛盾。

216. 家庭主妇对待至亲应一视同仁

一家之内，牵涉到方方面面的至亲关系，如何处理这些关系，是家庭主妇必须面对的难题。刘鉴在篇中以浅显的语词，深厚的含义，针对不同类型的至亲，分别指出应接的方式方法，集中体现出讲亲情、讲礼节、讲道义的为人处世原则和基本内涵。

原文

一家之众，有析箸[1]分爨[2]者，有聚族同居者。款接之谊，亦妇人当职，非可怠惰也。若翁[3]之兄弟，谓之伯翁叔翁，姑[4]之妯娌，谓之伯姑叔姑，承奉之礼，虽少杀[5]于翁姑，要当言温而貌恭，情周而念挚，以笃亲[6]之本。或老而独者，更当曲至忱悃[7]，备其缺乏，俾[8]安颐养[9]。妯娌之子，谓之犹子[10]，对待之间，宜自敬其身，而示以慈和正大之矩[11]，彼自戒慎而服从矣。或为幼而孤者，尤当视如己子，饮食教诲，俾成材器[12]。……《曾氏女训·妇职·敬事》

注释

1 **析箸**（zhù）：分开吃饭。

2 **分爨**（cuàn）：分开烧火煮饭。

3 **翁**：指丈夫的父亲。

4 **姑**：指丈夫的母亲。

5 **杀**：削弱。

6 **笃亲**：注重亲情。

7 **忱悃**（kǔn）：真心诚意。

8 **俾**（bǐ）：使。

9 **颐养**：保养。

10 **犹子**：兄弟之子，即侄子。

11 **矩**（jǔ）：法度；规则。

12 **材器**：有用的人才。

217. 应从饮食生活入手礼待家庭教师

在传统社会，有权势、有地位的家庭，或者说财富殷实的家庭，一般都要请教书先生来家里设馆授教；而教书先生的人品学识，尤其在教学态度和教学方法上对子弟的成长，关系是非常密切的。因此，善待教书先生，对于激发他的积极性至关重要。刘鉴在篇中从对教书先生日常生活起居、饮食入手，强调尽心善待的必要性和重要性。在这个基础上，她又提醒在家庭中起主导作用的父亲或兄长即一家之长，应当在言行上尊重教书先生，在起到联络感情作用的同时，了解子弟的人品和学业状况，这样可以收到一举两得效果。这一观点是有道理的。

原文

师保[1]者，掌化育[2]之权。一入家门，子弟志向因之以定，德业因之以成。责至重、分至严也。为母氏者，于子弟既深期望，心申[3]诚敬。夫敬非他，但唯隆其脩脯[4]，厚其供给，亦事之易为者。盖妇职所重者，主中馈，议酒食也。一日三餐，必修必洁。世家右族[5]，虽有庖丁[6]供役，主妇亦当随时察阅，司[7]事者有所畏惧，方免草率之弊。子弟无论长幼，必令与师共食，亦免私膳之嫌。夏令凉棚，冬令炉炭，按时周备，俾适起居。主果尽道奉师，师必专心教弟，种瓜得瓜，种豆得豆，其理不爽。为父兄者，如非远游，亦宜常亲函丈[8]。一则联

宾东[9]之雅谊，二则审儿童之进步，诚[10]一举而两得焉。《曾氏女训·妇职·敬事》

注释

1 **师保**：教师。

2 **化育**：培养教育。

3 **申**：陈述；说明；表现出。

4 **脩（xiū）脯**：干肉，代指发给教师的工资。

5 **右族**：豪门大族。

6 **庖丁**：厨师。

7 **司**：主持；主管。

8 **函丈**：称呼尊敬的人。

9 **宾东**：客人和主人。

10 **诚**：确实；实在。

218. 款待至亲近邻应做到有礼有节

善待至亲和近邻，这是家庭主妇必须面对也必须做得合适体面的一件重要事情。因为，不管是至亲还是近邻，与他们妥善处理好关系，关系到家庭兴盛衰败。刘鉴恳切告诫家庭主妇尽职、尽责、尽心、尽情款待好他们，不在于刻意求取客人的欢心，关键在于情真意切不失礼法。

原文

亲者，骨肉[1]之相关也；邻者，乡里之至近也。酬酢往来，均当肃其礼仪，丰其款待，其谊始申。大凡男宾至，则主人延候于外庭[2]，主妇筹备于内室。一茶一点，必取甘鲜。有应留餐之客，不可迟延简慢，或请命家主，或自己酌量。不论肉膻[3]齑芥[4]，概须烹饪适宜，更须简便迅速，勿使来宾久待不欢。簋簠[5]匙箸[6]，浣濯如新，陈[7]诸几席，自见光彩。朱柏庐[8]先生云："器具质而洁，瓦缶[9]胜金玉；饮食约而精，园蔬愈珍羞[10]。"即是理也。至若女宾之聚叙，则姑[11]前妇后，逊让殷勤。或备酒呈汤，或杀鸡为黍[12]，量家计之厚薄，审姻娅[13]之亲疏，温言笑貌，曲尽周旋，则能事可称矣。《曾氏女训·妇职·敬事》

注释

1 **骨肉**：喻指至亲。

2 **外庭**：一般指堂厅或庭前坪地。

3 **肉臛**（huò）：肉羹。

4 **齑**（jī）**芥**：齑粉和芥末。

5 **簋簠**（guǐ fǔ）：均为古代食器。簋多圆而有方者，簠多方而有圆者。

6 **匙箸**（chí zhù）：汤匙和筷子。

7 **陈**：摆设；陈设。

8 **朱柏庐**（1617—1688）：清代理学家，江苏昆山人。著有《治家格言》，世称《朱子家训》，其把儒家思想作为家庭生活准则。

9 **瓦缶**（fǒu）：瓦器。

10 **珍羞**：珍贵的食物。

11 **姑**：丈夫的母亲。

12 **黍**（shǔ）：一年生草本植物，种子淡黄色，去皮后叫黄米，煮熟后有黏性。

13 **姻娅**：姻亲。

219. 应视丈夫前妻之子为己子

人世间，因血脉亲近的缘故，一般做母亲的都会偏爱自己的亲生孩子，而对其他母亲生的孩子有疏远苛求的感情流露出来。刘鉴在篇中重点强调，对于前妻所生的孩子，因为他已失去了亲生母亲之爱，更应从日常生活方面多加照顾，把他作为自己的亲生孩子一样疼爱有加，使他“忘无母之戚”。这样一来，家庭矛盾就不会发生，就不会引起别人的“物议”。在这朴实的文字中，渗透着刘鉴这位知识女性的慈母心。

原文

诸子者，有承嗣[1]之子，有妾妊[2]之子，有前室之子，皆与己子异服各乳者，抚字[3]偶疏，动滋物议。然嗣子[4]必无子，方始继之，纵匆见爱，亦不致相恶。庶子[5]则各母其母，为正嫡者，只须憎爱无偏，饮食教诲而已。所易毁誉者，独前室[6]之子耳。盖自小孤露劬劳[7]，顾复全资后母之力，务宜视如己出，宁厚毋薄，衣食同，教养同，俾[8]其忘无母之戚[9]，均有母之乐，母道斯得矣。……《曾氏女训·妇职·敬事》

注释

1 **承嗣**：嫡长子。

2 **妾妊**（rèn）：小妾。

3 **抚字**：抚养爱护。

4 **嗣子**：嫡长子。

5 **庶子**：妾所生的儿子。

6 **前室**：前妻。

7 **劬**（qú）**劳**：勤劳；劳苦。

8 **俾**（bǐ）：使；把。

9 **戚**：忧愁；悲伤。

220. 应严格约束仆役言行与外人善处

世家大族、尊贵富裕的人家才有条件多请仆人为其供役家事，在这样家庭里做事的仆人，往往依仗主人家的权势欺侮他人，由此给主人家带来诸多麻烦。刘鉴在篇中明确指出在他们严加管束的同时，作为家庭主妇，应当在管束仆人的问题上多花心思，以解除一家之主的后顾之忧。在当时，一家之中雇用多名仆人的现象是不多见的，但曾国藩、曾国荃等兄弟系中兴名臣之家，仆人是较多的，所以刘鉴特意将这个问题纳入女训的内容之中加以重视。事实上，刘鉴在主持曾国荃一家事务中，对仆人的管束是相当严格的，并且收到了较好效果。

原文

凡阀阅[1]之家，贵介[2]之族，鲜[3]不广用家奴者。但多奴多累，约之不严，转致偾事[4]。……故当详审[5]驾驭之法。遇有在外口角争竞之事，有礼且当禁戒，况未必有礼耶？慎勿为体面，立崖岸[6]，曲护其短长。小人之志，生不测之变。一旦召祸，责归家主，损名败誉者有之，破财蒙怨者有之，与其追悔于事后，不若防范于事前也。然主人或多公务，不暇[7]考察，是在主妇相助为理。宁使勤劳操作，毋任游手好闲。正家法，免是非，无出乎此也。《曾氏女训·妇职·敬事》

注释

1 **阀阅：**本作伐阅，指世家门第。

2 **贵介：**尊贵。

3 **鲜：**非常少。

4 **偾（fèn）事：**败事。

5 **详审：**详细考察。

6 **崖岸**：比喻高傲、不易接近。

7 **不暇**：没有空闲时间。

221. 供养老人以“体贴为先”

崇老尚古，既是中国传统文化的一个重要内容，也是中华民族一个传统美德。供养老人，是做子孙后代的重要职责和义务。刘鉴在篇中特别提醒家庭主妇，应当把供养老人作为履行自己职责和义务的一个重要问题来对待。无论是对老人的日常生活起居多加照顾，还是为老人分担忧愁，助其心愿的实现等问题的处理，刘鉴在篇中都有详尽的告诫。尤其是“己亦有老之将至之日”这句话，读来亲切有味而又易于激发家庭主妇善心、孝心的萌发。

原文

养老要义，体贴为先。未寒问衣，未饥问食，不令有过时之盼望，固得其道矣。而尚宜推求者，则分忧顺性二义也。乃人生境遇难齐，或老人子女之间，有长富少贫者，有季丰仲啬[1]者，有室女需奁[2]赠者，有嫁女处窘乡[3]者。再则，有私亲密友待哺者。皆为朝夕切念之事。为子及妇，如自居饶裕，切不可心存鄙吝，必量力资助，以适其意。

又老人最爱孙曾，室中必常储果饵[4]，既便自食，又敷分布。三餐珍馔[5]亦然，博含饴之乐，符问与之孝，亦先贤之余绪[6]也。或力有不逮，则令孙童膳于他室，免老人生怜，食不下咽。事虽细微，要亦妇职所不可忽也。其外居，常侍奉，务宜愉色婉容，致敬致乐，即老人言语重复，必耐心缓对，不可冲突，己亦有老之将至之日，始知理有固然也。《曾氏女训·妇职·养老》

注释

1 **季丰仲啬**（sè）：兄弟中最小的人经济条件好，兄弟中的老二经济条件稍差。比喻兄弟贫富不均。

2 **奁**（lián）：古代妇女梳妆用镜匣，指嫁妆。

3 **窘乡**：贫困乡村；境遇艰难之地。

4 **果饵**：瓜果糕饼。

5 **珍馔**（zhuàn）：丰盛味美的饭食。

6 **余绪**：流传下来的风尚。

222. 供养老人重在其“养志”

一般人认为，让父母双亲不少吃不少穿，这样就尽到做晚辈的责任了。刘鉴在篇中指出，仅仅如此还不能算是尽心供养老人。关键的问题在于，儿女对父母双亲首先应当做到“养其志”，即从精神上让他们高高兴兴。当今社会一部分空巢老人不愁吃不愁穿，儿女对他们物质生活上给予了优裕的供养照顾，但不少老人精神空虚，做儿女的往往没有认识到满足父母双亲精神需求的必要性和重要性。这些儿女难道不应从这里受到启发借鉴吗？

原文

……《孟子》[1]有云：“事亲若曾子者可也。”盖谓其一酒肉之微，不违其亲，他可类推矣。故凡执事奉之道者，饮食忠养而外，必宜善继善述，以乐其心，为箕为裘[2]，以绍[3]其业。有田宅则保守而扩充之，有器物则什袭[4]而珍藏之。有所敬则敬之，有所爱则爱之。父母顾之[5]，未有不欣然色喜者。再则，重身体，立名节，非法不言，非道不行，以求出忠入孝，俾庭帏[6]训教，炳耀千秋。较五鼎[7]之奉，犹为胜之，即养志之谓也。

以上数端，固人子之当为，亦赖贤妻之内助焉。修[8]妇职者，其勉之。《曾氏女训·妇职·养老》

注释

1 **《孟子》**：书名。儒家经典之一。战国中期孟子及其弟子著。

2 **为箕**（jī）**为裘**（qiú）：喻指辛勤劳动维持生计。箕，扬米去糠的器具。裘，毛皮的衣服。

3 **绍**：继续；继承。

4 **什袭**：把物品郑重珍藏的意思。

5 **顾之**：转过头看；注意。

6 **庭帏**（wéi）：借指父母。

7 **五鼎**：古祭礼，大夫用五鼎盛猪、羊、鱼、腊、肤等五种食物，喻指贵族官僚生活。

8 **修**：学习和锻炼。

223. 严教子女“爱君国”

传统中国是一个在自给自足经济结构上建立起来的以农耕为主体的国家。家与国密不可分，紧密联系在一起。在这种无数个家庭基础上形成的国家，就使得中国人特别重视维护一国之君的至高无上的权力。因为，君主就是扩大了的家长；君主就是国家的主宰者，就是国家的化身。值得指出的是，刘鉴在篇中重点阐发个人对国家应尽的义务和责任时，不是一味强调忠君的必要性和重要性。她明确告诉为人母者，应当对儿女从小就灌输家庭与国家、个人与国家的利益不可分离，应当树立为国家民族兴旺发达尽心尽力的“公责”意识。这一观点，不仅体现出晚清新思想新观念对刘鉴的影响，而且对于当今家庭教育也具有借鉴意义，尤其在独生子女众多，大多自我为中心，急公好义意识相当淡薄的现实状况下，作为家长的人特别是做母亲的人，有必要以自身言行去陶冶感化儿女们多多关心国家民族前途命运的问题。

原文

君者，奄[1]有四海，抚绥亿兆臣民以立国者。有君斯有国，有国斯有家，有家斯有身。世之人爱身家者众矣，爱君国者鲜有人焉。盖士则有不在其位，不谋其政之操持。农则有凿井而饮，耕田而食之狷介[2]。工也商也，各营私利，不知公责国民之分际[3]，久汩没[4]而不彰矣。然欲挽颓风，必新教育。夫所谓新者，乃取人之长，补己之短，不改我族之尊君，而法他族之爱国。凡子弟幼于家庭范围，得受陶熔[5]之益，将来由子道以及臣道，由家计以及国计，尽率土[6]之忱，纾[7]急公之义，立功立德，淑世淑身，母教之功溥[8]矣。《曾氏女训·母教·德育》

注释

1 **奄**：覆盖。

2 **狷（juàn）介**：拘谨自守。

3 **分际**：界限。

4 **汩没**：埋没。

5 **陶熔**：选就；化育。

6 **率土**：指境域以内。

7 **纾**：表达；发表。

8 **溥**：广大；普遍的。

224. 教子女“当使明义利之辩”

兄弟骨肉至亲，是由父母血脉维系的结果。一个人要懂得这个道理，就必须从小加以灌输陶冶。这是母亲首先要尽的责任，属于母教中一个重要内容。尽管刘鉴在篇中主要是根据传统的“孝悌”学说为告诫的依据，但往往在现实生活中，兄弟间因私利驱使弄到反目成仇的现象也是常有的。如果一个人在孩提时期就受到良好的教育，尊敬孝顺父母，友爱兄弟姐妹，长大成家后不仅能讲亲情，而且推广而至于与他人打交道，也会养成友善、宽容、关爱他人的品德。这点非常重要。因为，一个人品性的形成，与家庭教育和父母的影响是有密切关系的。

原文

……人当孩提之际，母氏左提右挈[1]，前襟后裾，食则同案，寝则共席，其天性之爱诚，非他人所可搀越[2]。及其长也，渐至疏薄，恒谓孝弟，衰于妻子，理或然矣。……是以教子者，先当使明义利之辨，轻货财而重骨肉。兄则尽友爱之情，弟则存恭顺之礼。居常相处，于饮食则教之推甘让肥，于衣服则教之辞新取敝[3]。行则兄先，坐则弟右，不纵长凌幼，不袒幼抑长，事事处以公正，自然化除私见，有联璧[4]之美，无阋墙[5]之恶矣。《曾氏女训·母教·德育》

注释

1 **挈**（qiè）：提携；带领；举。

2 **搀**（chān）**越**：比喻移动；影响。

3 **敝**：衣服破旧。

4 **联璧**：比喻两者可相媲美。

5 **阋**（xì）**墙**：争吵；争斗。

225. 教子女应以急公好义为己任

急公好义，这是中华民族优秀传统精神之一。它在不同历史时期表现的侧重点虽有差异，但一个人从小具有这种品德，就为他将来在为人处世的过程中，面对个人利益与他人利益，个人利益与集体利益、与国家民族利益发生冲突时，能够出以公心，讲付出，讲道义。刘鉴指出，做母亲的在这方面有责任、有义务悉心教导儿女们养成急公好义的品行。认为只有每个人具有了这样的品行，外侮的抵御，工矿的兴办，学校的创建，天灾人祸的救助，才有可能发挥大家的力量，共渡难关。这一观点，体现出刘鉴作为知识女性的宽广胸怀和“巾帼不让须眉”的气度胆识。

原文

先哲有言，凡人立身，断不可做自了汉。范文正[1]做秀才[2]时，便以天下为己任，便有宰相[3]度量。今人教子，岂必热中名位，唯不可独善其身？盖人生根本之地，以桑梓为重。乡里之缓急，固应极力周旋。而际此多事之秋，外患之防御，路矿之筹办，学校之创建，灾祲[4]之赈恤[5]，或收利权于他族，或表同情于社会，在在皆公义所当尽，不宜起营私之念，存推诿之心，见所苟及，力所仅能，无论一省之事，一乡之事，或赞助，或督理，均当同寅协恭，实事求是，以期必济[6]。人尽如此，何虑公款之不集，公务之不举哉！《曾氏女训·母教·德育》

注释

1 **范文正**：即范仲淹，北宋政治家、文学家。进士出身。因直言敢谏，两次被贬出京。其《岳阳楼记》名句“先天下之忧而忧，后天下之乐而乐”为世所传诵。

2 **秀才**：明清时期成为会试取中者的称谓。

3 **宰相**：历代辅助皇帝、统领群僚、总揽政务的最高行政长官。

4 **灾祲**（jìn）：天灾人祸。

5 **赈恤**：救济抚恤。

6 **济**：对事情有益；成功。

226. “艺业乃资生之本”

古人常说，艺多不养人，讲的是掌握一技之长、专攻一业的必要性和重要性的道理。刘鉴在篇中强调，做母亲的应当从小就告诫儿女们拥有职业、有专长，对于一个人生存是至关重要的。在这里，刘鉴并不是一味要求母亲们灌输其子女升官发财，或者“万般皆下品，唯有读书高”“书中自有黄金屋，书中自有颜如玉”的旧有古训，而是提醒人们，做任何事情，都要有专心致志的态度，掌握了一技之长，不管情况发生什么变化，都有依赖生存的资本。用现今话语来说，工作不分贵贱高低，干一行爱一行，功夫一定不负有心人，千万不要这山望见那山高，高不成低不就，最终一事无成。

原文

先贤有言，人之有子，须使有业。贫贱而有业，则不至于饥寒，富贵而有业，则不至于为非[1]。盖艺业乃资生之本，务宜谨守精习，不可见异思迁，以致一无成就。且士为四民[2]之首，无论习何技术，必先之以文艺[3]，俾其能通书数[4]，能作信札，然后因材授教，不怠不荒。在儒修[5]则思齐圣哲；在工师则致精器用；在商贾则较量货殖[6]；在农圃[7]则尽力耕种。语[8]云：“七十二行，行行出状元。”未可易视也。昔邓禹[9]有子十人，令各守一艺；刘殷[10]有子七人，令各兴一艺。二公之家声，经久不替[11]，职是故也。可勿奉以为法耶？《曾氏女训·母教·德育》

注释

1 **为非**：做不正当的事；做坏事。

2 **四民**：指士农工商四种行业的人。

3 **文艺**：指写作方面的学问。

4 **书数**：指写算。
5 **儒修**：指做学问的人。
6 **货殖**：经商；商人。
7 **农圃**：农副业。
8 **语**：此处指谚语。
9 **邓禹**：东汉将领。少好学，为刘秀所敬重。官至高密侯，后任汉明帝太傅。
10 **刘殷**：十六国时期前赵名士、官员。
11 **不替**：不更替；不改变。

227. 人生苦短切莫误掷光阴

人的一生就如白驹过隙，很快就过去了。每一个人都要珍惜有限的时光，都要把握难得的机遇。刘鉴在篇中告诫做母亲的人，一定要从小对儿女们灌输珍惜光阴的必要性和重要性。尤其值得注意的是，她将珍惜时间的必要性和重要性，与国家民族的兴盛衰亡这个大前提、这个根本利益联系到一起，激励人们胸怀远大志向，从小珍惜光阴，不要贪图享受而贻误锤炼人品、学识、才能的时机。

原文

……今者，世际艰危，民凋[1]物敝[2]。外而强邻逼处，内而小丑[3]揭竿[4]。有志之士，枕戈待旦[5]，尚恐贻误，其敢逸游醉梦，不以先哲为鉴乎？况蒙幼之教，必视程度以分等级，科学有次第，授受有晷刻[6]，稍一蹉跎[7]，不独补习为难，且让后来居上，不亦自悔耶？是以士人之业，必重三余[8]，女子之功[9]，必严一线。其次农、工、商贾，作息交易，亦有一定之时会，得时则得计，失时则失计，各有光阴，各宜爱惜，不可轻负。……《曾氏女训·母教·德育》

注释

1 **凋**：凋败；凋谢；凋零。
2 **敝**：破败。
3 **小丑**：对农民起义军的贬称。
4 **揭竿**：此处喻指太平天国农民起义。
5 **枕戈待旦**：形容杀敌心切。
6 **晷（guǐ）刻**：时刻。
7 **蹉跎（cuō tuó）**：光阴白白地过去。
8 **三余**：泛指空闲时间。
9 **功**：此处指女子的技艺和艺术修养。

228. 应严督子女勤奋力学

一个人成为有人品、有学识、有才能的人，原因是多方面的，但是否经历过正规而严格的读书学习过程，则是其中起重要作用的因素。而在青少年时期，学习的态度、学习的方法又显得特别重要。除了先生在课堂上传授知识之外，父母亲在家中密切配合，严格督促子弟温习功课，逐渐形成专心致志于读书学习的兴趣和行为，是一件相辅相成的事情。刘鉴在篇中强调，面对社会进化的日新月异，生存竞争日趋激烈的客观环境，每个做家长的尤其是做母亲的，有责任有义务在督导子弟们读书学习方面多下功夫。

原文

自古以来，圣贤英杰，靡[1]不由学术锻炼而成，况此竞争时代，无论商战工战，及政治之考求，官制之改革，非读书穷理，审权达变，焉能制胜占优，切中綮要[2]？故勤勉之道，不可不力也。母仪[3]为教育之胚胎[4]，以属毛离里[5]之爱，为知微论故之行，较春风时雨之化，有过之无不及也。夫横经[6]授课师资也，和丸[7]助苦母教也。故子弟虽就学于外，母必严督于内，下学必令复诵，休假不辍温理，念兹在兹，自无一暴十寒[8]之虑。乃一家之政，父治其纲，母治其目，果内外夹辅，何虑材器之不就哉！《曾氏女训·母教·德育》

注释

1 **靡**（mí）：无；没有。

2 **綮**（qìng）**要**：关键。

3 **母仪**：母亲的风范；母亲的榜样。

4 **胚胎**：比喻事物之初起或兆端。

5 **属毛离里**：儿子与父母关系密切。

6 **横经**：横陈经书。指受业或读书。

7 **和丸**：融合；混合。

8 **一暴十寒**：比喻做事一日勤，十日怠，没有恒心。

229. 修身之本和立德之基在“慎言行”

一个人的言行好坏，直接关系到这个人处事为人的效果。刘鉴在篇中特别提醒为人父母者，必须从“慎”字上下功夫，而且在子弟们尚年幼时期，就应当反复引导他们懂得“慎言行”的必要性和重要性；而这个“慎”字含义的修成，离不开读书学习，尤其离不开读经学、读史学，更离不开父母的以身作则。这一观点，至今仍具启迪价值。

原文

言行为修身之本，立德之基，无人不当慎之。而幼稚之童，尤不可漫无检束。大凡子弟，幼必使之习应对，躬洒扫，以端小学[1]之规；

长必教之穷经史，察世情，以严为守之限，节节步步，涵养熏陶，循之有渐，庶得心口相符，内外如一，以合寡尤寡悔[2]之道。然此种教育，必内而母，外而父，以身作则，平心而细察之，但有一言伤于忠厚，一行近于妄诞，皆宜即时纠正，久久习惯，自然言规行矩，然诺知重。《易》[3]云："言行者，君子之枢机[4]。"枢机之发，荣辱之始，可勿深省乎？《曾氏女训·母教·德育》

注释

1 **小学**：周代的贵族子弟八岁入小学，隋唐后教授小学的书籍分为训诂学、文字学、音韵学。

2 **寡尤寡悔**：少过失；少后悔。

3 **《易》**：指儒家经典之一《易经》。

4 **枢机**：比喻事物的关键部分。

230.“尚志节”在于“自强”与“知耻”

在刘鉴的心目中，儿女们各安其业是最起码的生存方式，但她进而希望有崇尚志向、气节的人才挺立于世。不仅家庭和家族的兴旺发达需要这样顶天立地的男子汉、巾帼不让须眉的女中豪杰，国家民族的独立、强大，更需要有脊柱来支撑。她认为，不管是男子还是女子，从小就应该对他们加以陶冶、造就。在这一过程中，母亲起的作用是不可低估的。

原文

……无论男女，莫不有应秉之志节。励之修之，则日趋正大，颓之堕之，则日近卑污。是以善教子者，必从幼坚定其心性。盖心坚则志壮，性定则节立。昔大禹[1]治水，三过其门不入，八年而告厥成功，心坚也。苏武留匈奴，节旄[2]尽落，十九年而忠心不改，性定也。至于女子之志，虽不期远大，女子之节，则必务清贞。然尚节者守贞不贰之死，靡他[3]，亘古即今，难于悉举。而尚志者，亦有木兰[4]之代戍[5]，小娥[6]之复仇，洵[7]巾帼中之丈夫也。总之，能自强，必不至失志；能知耻，必不至失节。教男教女，同一理也。母氏其加勉焉！《曾氏女训·母教·德育》

注释

1 **大禹**：即黄帝时代帝王禹，姒姓，名文命。他奉舜命治洪水，奋斗十余年而功成。

2 **节旄**（máo）：节以竹为之，柄长八尺。旄节上所缀牦牛尾饰物，称节旄，是使臣所持的符节。

3 **靡**（mǐ）**他**：无他；没有别的。

4 **木兰**：指古代传说故事中的花木兰，女扮男装代替父亲驻守边关。

5 **戍**：防守；从军。

6 **小娥**：指古代传说故事中的小娥立志报家仇。

7 **洵**（xún）：诚然；实在。

231. 告诫子女以知“廉耻”二字为重

不管是什么人，能做到重廉洁、知羞耻，人生路途上就会免除诸多忧虑和麻烦。在历史上，那些高官或有权有势的人，之所以最终落得个遗臭万年的可悲下场，就在于不知廉耻。然而，廉耻之心的得来诚非易事，除了个人修养、严格要求之外，从小受到良好的家教，则是一件非常重要的事情。所以，刘鉴在篇中特意提醒为人父母者，尤其是做母亲的人，务必对儿女们从小就加以引导教化。在引导教化的过程中，既不要迁就纵容，又要“惩劝得宜”，切忌运用打骂之类简单粗暴的方式方法强加于年幼的孩子，而是要以讲道理、悉心开导为主体，这样就会收到预期的效果。

原文

廉者，毋苟得也；耻者，知自愧也。为德育要义，无男女贵贱，不得须臾[1]离也。人当幼时，知思[2]未有所主，容易迁就，必宜预为之教。平居之际，不许挑精选美，耽耽于饮食衣服，取盈称欲，谆谆于器物金资。崇俭以养廉，知足以远耻，以贤者为法，以不肖[3]者为鉴。……孩提之性，爱好天然。有小过犯，勿姑容[4]以纵顽劣，勿辱詈[5]以损颜面，惩劝得宜，所志自正。及其长也，能解穷通利义之理，自能行乎富贵贫贱之素。全廉养耻之道，悉在其中矣。《曾氏女训·母教·德育》

注释

1 **须臾**（yú）：片刻。
2 **知思**：此指知识和思维。
3 **不肖**：子不如父，喻指行为不正派。
4 **姑容**：迁就纵容。
5 **辱詈**（lì）：侮辱谩骂。

232. 告诫子弟广交友更须慎交友

每个人都会长大，长大以后就一定会走上社会与人打交道，在与人打交道的过程中，可能会碰到好人，也可能碰到心术不正的人。刘鉴在篇中提醒为人父母者，尤其是做母亲的人，应当悉心教导子女们“近君子，远小人”，特别要教会子弟们如何识别好人坏人，如何应对好人坏人的方式方法。总之，一个人需要广交友，但更要做到慎交友。这一观点，至今仍是可取的。

原文

子弟既届成立，当去其依赖之性，充其自治之能，而支持门户，势必有交际往来，一应宾朋故旧，有君子未必无小人，务当审察邪正，以定亲远。彼成人之美，规过而责善者，君子也。忌人之能，面谀[1]而助恶者，小人也。君子无妄干[2]于人，外似疏而内则无间[3]，款接之际，宜意本于诚，礼从其厚。小人则常取利于人，投好诱惑，苟无定力，鲜不堕其玄中[4]，宜虚敬而婉却，彼自无所设施[5]也。古人有言，近善人如近芝兰[6]，避恶人如避蛇蝎。子弟初出社会，交际一道，实为成败攸关，不可不审也。《曾氏女训·母教·德育》

注释

1 **面谀**（yú）：当人的面阿谀奉承。

2 **妄干**：非分要求。

3 **无间**：没有缝隙；没有假心假意。

4 **玄中**：老谋深算之中。

5 **设施**：措置；安排。

6 **芝兰**：香草名，喻指品德高尚的人。

233. 家庭主妇应求“规矩之肃”以教子弟

家庭事务包括对子女的教育这一重要内容。作为母亲，有义务有责任担当教育子女的重任。而在教育子女的过程中，如何运用正确的方式方法，则是一个不可忽略的问题。由于子女与父母的血脉亲情，使得在教育子女这个问题上碰到了很难合适处理的难题。对子女娇生惯养、姑息迁就肯定会出问题，但严格要求约束，又难免行不通。刘鉴在篇中强调，必须注重规矩，这就要做到“宽则毋近放纵，严则毋近溪刻”。总体而言，她主张对子弟的言行“酌量限制”。因为，子女一旦从小养成了守规矩的习惯，长大以后就会具有良好的品行。这一观点无疑是有道理的。

原文

程子[1]有言："明于内而巽[2]于外，处家之道也。"大凡为主妇者，必谨饬闺门，防微杜渐，虽接众御下，尚宽忌严，然亦宜酌量限制。宽则毋近放纵，严则毋近溪刻[3]。饮膳有定时，不许参前落后；服用[4]有定制，不许徇俗趋时[5]。事权画一，肃正中自见雍和[6]气象，终则吉也。若主妇一味姑容，不知整顿，外则纷嚣，内则嘻嗃[7]。袒庇其男，致荒游废业。溺爱其女，惟修态养娇，不修晨省昏定[8]之仪，不遵必告必面[9]之礼。此种行为，纵目前隆盛，悖礼逾范[10]而能持久者，未之有也。是则贤妇之求，规矩之肃，不为家政之首要哉！《曾氏女训·家政》

注释

1 **程子**：指宋理学家程颐、程灏。

2 **巽**（xùn）：卑顺；谦让；八卦名。

3 **溪刻**：刻薄；苛刻。

4 **服用**：衣服的使用；服装打扮。

5 **徇俗趋时**：追求流行趋势。

6 **雍和**：和谐；文雅大方。

7 **嘻嗃**（xī hè）：松懈散漫；动摇不定。

8 **晨省昏定**：指对父母的侍养。

9 **必告必面**：必须当面禀报。

10 **悖**（bèi）**礼逾范**：违背礼节、规矩。

234. 家庭主妇应做到“严表率”

儿女在成长过程中，受到父母及家人的影响是极其深远的，有的方面很可能终其一生还可找到其痕迹。从而，父母给儿女在为人处事方面必须起到表率作用。在这其中，母亲起的作用又特别重要，特别密切和深远。这种作用，不仅体现在孝顺父母、尊敬长辈，而且体现在爱护晚辈、关心晚辈等多方面。刘鉴在篇中指出这种表率作用的最终效果，就是引导儿女养成重人品、讲勤俭、慎言行、笃诚信等良好习惯。

原文

夫一国之治乱，视良相之仪型[1]；一家之盛衰，视贤妇之表率。国与家同一理也。良相者上佐天子，下育万物；外镇抚四夷[2]，内亲附百姓，使僚属各称其职焉。良妻者，上事舅姑，次相夫子；外支应门庭，内教育儿女，俾老幼各得其所焉。主妇之耽负[3]固匪轻矣，可勿修己以正人乎？古人有言，己能勤众何敢惰，己能俭众何敢奢，己能公众何敢私，己能诚众何敢伪，至理也。又女训云，妇人不谙[4]中馈，不入厨堂，不可以治家。结伴联社，呈身露面，不可以齐家。细译思之，主妇之操行，不与家政相终始也哉！《曾氏女训·家政》

注释

1 **仪型**：模范。

2 **四夷**：古代统治者对华夏以外各族的蔑称。

3 **耽（dān）负**：担负；承担的责任。

4 **不谙**：不熟悉；不知道；不了解。

235. 主妇对家庭事务应负“专责”

在传统中国社会，由于女子接受教育的机会很少，经济上不独立，所以她们嫁到夫家以后，理所当然要扮演家庭主妇的角色，承担处理家务的专责。刘鉴从这一特点出发，指出家庭主妇应当把处理家务作为专责来对待，发挥男子不能替代的作用。尽管当今社会的妇女，与男子享受着同等的权利和地位，经济上、生活上完全可以做到独立自主，不存在充当家庭主妇的角色了，但在处理家庭内部关系方面，仍然起着重要的作用，诸如在教育子女的问题上，在对待男女双方亲友的问题上，其人品、才能的优劣，直接关系到家庭成员的生活情趣、幸福的程度。

原文

夫男女之际，既有两仪[1]之判，而乾刚坤柔，蕴抱[2]各有优胜。妇道应承之责，固不及男子之重大，而所当专任则一也。但阃[3]以内，琐屑凌杂之事，有非男子所能者，妇人或优为之，非才之胜也，乃性之近也。盖妇人用心专一贞静[4]，再增之以学识，益之以明察。故于一家之政，凡尊亲之事奉，卑幼之扶持，妯娌之匡助，仆婢之监督，亲戚之款接，皆宜委之令之，俾得治财产以裕一家之生计，谨卫生以保一家之寿康，防灾患以宁一家之居处，修品物以供一家之膳饮。视此种种，主妇非具兼德而克称职耶？勉之勉之！《曾氏女训·家政》

注释

1 **两仪**：天地。

2 **蕴抱**：内涵。

3 **阃**（kǔn）：门槛；妇女居住的内室；妇女。

4 **贞静**：节操坚贞，性情淑静。

236. 家庭主妇应以勤俭持家为重

勤劳与节俭相辅相成，缺一不可。如果一个家庭不知节约俭朴，再勤劳再有金山银山，也会挥霍一空，家业荡尽；反过来，只知游手好闲，好吃懒做，不仅谈不上节约俭朴，更会导致家庭永远贫穷衰败。所以，刘鉴在篇中反复强调家庭主妇对于勤劳节俭传统美德谨守的必要性和重要性，并且就如何做到勤劳节俭的具体方式方法提出了自己的观点。时至今日，这一观点仍具现实价值。因为，勤劳节俭与个人、家庭乃至于中华民族兴衰成败具有密切的关系。

原文

主妇之职，谨事蓄，理繁巨，毋或怠荒[1]者，勤也。恶[2]衣服，菲[3]饮食，毋敢僭侈[4]者，俭也。然小家之妇，压线缝裳，牵萝补屋[5]，以妇功[6]代男功[7]，以余布易余粟，亦尽有兴家者，所谓勤俭为黄金之本也。至若大家之妇，虽耕有奴，织有婢，司爨[8]有仆役，而主人苟静坐薰香[9]，不自监督，亦未必能收实效。故每日庖厨巡视，仍不可略。凡遇儿童挑剔饭菜，婢妪抛撒五谷[10]，以及喧器污秽，皆当随时训饬。柴米油盐，常加调查，宁可明施，不可暗耗。事宜早为，物宜早备者，必预先部署，既免仓忙[11]，又得廉价，勤与俭，均在其中矣。《曾氏女训·家政》

注释

1 **怠荒**：懒散荒废。

2 **恶**：厌恶；远离。

3 **菲**：轻视。

4 **僭（jiàn）侈**：过分浪费；铺张浪费。
5 **牵萝补屋**：贫困异常。
6 **妇功**：指纺织、刺绣、缝纫等事。
7 **男功**：男子的主业；男子的技能。
8 **司爨（cuàn）**：主管烧火煮饭。
9 **薰香**：喻指享受。
10 **五谷**：统称谷物为五谷，不一定限于五种。
11 **仓忙**：此指粮食库存紧张。

237. 家庭主妇“宜早起”

刘鉴在篇中用“早起”作为家庭主妇处理家务、经营家政的一个重要手段加以重视，认为好逸恶劳是人的通病，要戒除这个通病，就必须早起——勤劳。家庭主妇在这个方面负有重要责任，应起榜样作用。这在传统的以自给自足经济为基础建立起来的家庭中，往往成为家庭兴衰的关键。

原文

喜逸恶劳，人之通病。抑[1]知怠玩荒嬉，失时废事之萌糵[2]，勤苦振作，兴家创业之根荄[3]。主妇总一家之政，为一家之则[4]，事无巨细，不可因循。第一宜早起，不但梳沐从容，指挥闲暇[5]，且得吸受朝气，以畅精神。而消炭浊，习劳操作，又可多得数时。谚云：一日之计在于寅[6]。早起之益，顾[7]不大哉！若主妇贪眠晏起，家众因而效尤[8]，洒扫不洁，炊煮失宜，有客临门，诸凡仓促，已属可讥。而幼孩不耐久卧，恒多先起，为母者失于照料，科[9]头跌足者有之，贪嘴买食者有之。既恐防[10]害卫生，又恐习于馋惰。《曾氏女训·家政》

注释

1 **抑**：或是。

2 **檗**（bò）：乔木，木材坚硬，可制黄色染料，树皮入药，此处作芽解。

3 **荄**（gāi）：草根。

4 **则**：榜样；规范。

5 **闲暇**：安静无事；有条不紊。

6 **寅**：指夜里三点钟到五点钟。

7 **顾**：转过头看。

8 **效尤**：效法；仿效。

9 **科**：同“磕”。

10 **防**：同“妨”。

238. 家庭主妇应牢牢把握住赏罚分明的尺度

家庭内部人口众多，不仅有至亲生活在一起，而且还有仆役下人朝夕相处，这当然不是一般平民百姓之家，而是针对有地位、有影响的世家大户人家来说的。刘鉴在篇中强调，家中子弟品性各异，首先应当区别对待，继则做到奖赏为主、奖罚分明；对于那些服务于家庭的“仆从婢妪”，也应当以这个原则来“奖善惩恶”。在这里，最关键的一点就是做到“权衡”即明察，不能掺杂有任何个人的感情在里面。

原文

为善则赏，为恶则罚，天下事之至公也。然处家庭之际，则又不同。有应原情[1]者，有应酌礼者，不得以一己之喜怒爱憎，任意为之。盖一家之众，人品既有高下，赏罚亦有异同。凡至亲骨肉，如犹子己子等辈，或孝友仁让，或光明磊落，或发愤读书，或专心习艺，均有应赏之道，或锡[2]以适用之物，或赐以褒美之言。奖善即所以形恶，纵有不肖者，亦当知所自修矣。至若仆从婢妪，有操作出力者，则勉而酌赏之；怠惰偷安者，则严谕而戒之。事事权其轻重，不没善，不袒恶。斯得持衡之义矣。《曾氏女训·家政》

注释

1 **原情**：原谅的情形。

2 **锡**：赐给；赏予。

239. 家庭主妇应视“偏私”为大敌

矛盾无处不在，即使是至亲之间也常常发生不愉快的事情。刘鉴在篇中特别提醒作为家庭主妇的人，一定要做到公平公正，是非分明，一碗水端平，绝对不能存有偏心私心。如果存有偏心私心，家庭矛盾就会发生，家世就不会兴旺。这一观点，至今仍具启发借鉴意义。

原文

东汉第五伦[1]有言：吾兄子尝病，一夜十往，退而安寝；吾子有病，虽不省视，而竟夕[2]不眠。此虽贤者自讼[3]之语，亦见制偏私之难也。然偏心之存，男子不免，巾帼之流，能勿自省耶！故为主妇者，不偏听则家和，不偏爱则众服。若未经析箸之家，兄弟妯娌，同居共爨[4]，尤当克己以恕人，劳均而利共，犹子己子，视为一体，朝夕相聚，小儿辈难免纷争，但责己子以谢之，则嫌疑自化。勿倚事权[5]在手，任意施为，簿记不明，蓄积独厚，或袒护孩提，或信任奴仆，人各一心，勃溪[6]时见矣。主家政者，其早防之。《曾氏女训·家政》

注释

1 **第五伦**：东汉大臣。历官太守、司空等职，以正直廉洁著称于世。

2 **竟夕**：一夜；通晚。

3 **自讼**：自我反思；自我批判。

4 **共爨**（cuàn）：一桌吃饭；共同生活。

5 **事权**：处理事情的权力。

6 **勃溪**（xī）：争斗。

240. 家庭主妇应具赞助公益之志

刘鉴虽是女流之辈，家庭主妇，但她不仅接受过传统教育，而且她的思想观念能够紧随时代前进的步伐，堪称为知识女性。所以，她对家庭主妇提出了热心社会公益事业的要求，这在当时是极具独特眼光的。因为，她能将视线突破个人或家庭的框架，胸怀社会放眼天下，清楚地认识到社会与家庭、国家与家庭的利益紧密联系在一起。这一观点，至今仍具启迪价值。

原文

当此时代，百度维新，匪独家庭之政已逐节改良，即属社会之事，亦不妨留意。故主妇之责任，非若昔日之墨守成法，俯首深闺，至老死而名不称者。今则有一技之长，一念之善，皆可发明于世，诚女界光明之候也。为主妇者，苟事有余闲，资有余积，遇利国利民之公益，不可不维持赞助，以尽热心。且近数年来，妇女中有捐产助饷者，有毁家兴学者，有创国民捐者，有立慈善会者。此数事固属有财产名位者始可当之，不必人人有此举，不可人人无此志。能乎否乎，曷[1]视力之所至焉！《曾氏女训·家政》

注释

1 **曷**（hé）：为什么不。

241. 人人都应怀有“施济”他人之心

刘鉴在篇中说的“施济”二字，实际上指的是同情心、公益心，是对中华民族互帮互助精神的阐发和弘扬。如果一个人只顾自己，不关心、不过问他人的事情，实际上就是自己对自己没有爱心、仁心。因为“方便”他人，就是方便自己。反过来，你不关心他人，不方便他人，他人就不会关心你、方便你。尤其值得指出的是，刘鉴在篇中把个人、家庭，与他人、与社会连同一体的观点，至今具有借鉴意义。

原文

孟子曰：“恻忍之心，人皆有之。”施济一事，匪独富贵者当为，即贫贱者亦当为。盖有钱人出资，无钱人出口，遇事周旋，亦非无益。况施济不在多寡，即投乞儿一文钱，与一杯羹，俱是实惠。昔晏子[1]一狐裘三十年，而三党[2]六亲[3]，无不被禄者。俭以奉己，厚以待人，此意可师也。大凡有治家之任者，每年正用之外，必酌留赢余，或积谷以防饥馑，或制药以疗疾苦，或助立水会以防火灾，或助修桥梁以便行旅，地方绥静，己家亦得安居，公私两尽。谚[4]所谓有与人方便，自己方便，亦何乐而不为哉！《曾氏女训·家政》

注释

1 **晏子**：即春秋时期齐国大夫晏婴，以机敏善辩而勇于谏诤，名显诸侯。曾提出“权有无，均贫富”主张，自奉节俭。

2 **三党**：指三族，即父族、母族、妻族。

3 **六亲**：一般指父子、兄弟、从父兄弟、从祖兄弟、从曾祖兄弟、同族兄弟。

4 **谚：** 长期流传下来文辞固定的常用语。

242. 家庭主妇须明“通有无”之义

人与人之间互通有无，在经济上发生交往，这是时常发生的事情。何况亲戚朋友之间，在经济上需要借贷资助时更应及时出手相援。值得注意的是，刘鉴在篇中富有哲理性的分析指导，既富有人情味，又体现出防止日后纷争的理性思考。因为，在钱财借贷这个问题上，没有必要遮遮掩掩讲面子，“先明后不争”是解决亲戚朋友之间经济往来的最好途径。

原文

夫有五伦[1]之义，即有三党之亲，其中有富贵亦有贫贱。大凡自居饶裕者，相待穷亲，宜存矜恤[2]，不可轻藐鄙薄，自伤忠厚。但人处窘乡，借贷之举，在所不免。斯时宜视亲疏，量财力以为援助。又必详察其人景况，尚有生计可寻，不过偶然掣肘[3]，方可受券约偿[4]。果为贫乏已甚者，则不如随厚薄以赠之。我无责偿[5]之意，彼自不便取盈于我。盖交财一道，吝啬之心不可有，限制之法不可无也。当通挪之际，虽至亲好友，亦须笔据详明，宁可后来相让，不可起初含糊。语云：“先明后不争。”即此义也。《曾氏女训·家政》

注释

1 **五伦：** 封建礼教称君臣、父子、兄弟、夫妻、朋友之间的五种关系。

2 **矜（jīn）恤：** 怜惜救济。

3 **掣肘（chè zhǒu）：** 本意拉住胳膊，喻指经济紧迫。

4 **受券约偿**：同意签字画押、商议偿还时间和补偿额度。
5 **责偿**：要求偿还。

243. 选择儿媳应重在“传家礼教”

刘鉴在篇中就男女婚姻问题的处理，提出了两个重要的观点：一是要看女子德行操守；二是不要看重嫁妆是否丰富。从一个侧面，对于买卖婚姻、钱财婚姻，是鞭挞、是否定。她从家庭主妇的重要作用、重要地位这个角度警醒人们：作为家庭主妇，作为母亲，人品好坏直接关系到家庭兴盛衰败；至于嫁妆厚重，则应放在次要的地位，或者根本不要去考虑这个问题。作为传统教育中成长的女性，刘鉴在晚清中西文化碰撞、交融的过程中，捕捉到了时代前进的脉搏，体现了敏锐的新观念、新思想。这一点，很有肯定的必要。

原文

妇者，家之所由盛衰也。语云：“娶妇不贤，害及三代。”以其上不能事舅姑，中不能相夫子[1]，下不能教子女也。此三者，为应有之天职。而不知所尽，遑论其余乎？要之，教妇在初来，择妇必世德。两姓缔结之初，唯问其传家礼教及女子体貌，而贫富在所不论。昔司马温公[2]尝言，娶妇当不如吾家，洵至理也。今见议婚者察女行，独取资妆，幸而得遇贤媛[3]，尚能守分，不自矜夸[4]。若遇浅陋之辈，倚[5]所携之丰，未有不骄慢其夫者。夫若有志，尚足相抗；夫若无志，则唯有终身听命而已。如宾之礼，尚可问哉！婚姻为人伦之始，其可勿慎欤？
《曾氏女训·家政》

注释

1 **夫子**：指丈夫，旧时妻子对丈夫的称呼。

2 **司马温公**：即北宋政治家、史学家、文学家司马光，以撰写的《资治通鉴》最为有名。

3 **贤媛**：德才兼备的美女。

4 **矜（jīn）夸**：自大自夸。

5 **倚**：仗恃；依靠。

244. 应妥善驾驭奴婢仆役

在封建社会里，有权势有地位的人家雇请奴婢仆役的事是很正常的。作为家庭主妇，如何驾驭这些人，既让他们发挥尽心家务的作用，又要做到不至于给家中带来麻烦，实在是一个治家难题。刘鉴在篇中强调，奴婢仆役只看能不能用，并不在人多的观点，对于奴婢仆人的雇用切忌“喜新厌常”的观点，对于年轻女婢随其年龄增大，就应教以廉耻之心，教以粗通写算的观点，富有辩证哲理。

原文

大家轨范，内外綦[1]严，凡宣布使令，传递飧[2]饮及料理琐务，不能不借妪婢之力以助之，唯当驾驭有方，雇买加慎。妪则取其朴诚耐劳，婢则取其温纯谨役，但能得用，不在多人。盖人多则良莠不齐，难保无狡猾轻浮之辈，或播弄迎合，或馋懒戏笑，皆足以紊乱家规者。主妇如经觉察，即宜善遣，不可姑容，致生他变。且用人亦戒喜新厌常，盖服役既久，主仆暂有相亲之意，上下一心，自然言出事行。谚云：“人不如故。”即此义也。至若婢女，亦属人子，赏勤罚惰，固家法所宜；损食薄衣，仁人所戒。婢年既长，当养其廉耻，毋锢[3]其婚嫁，并令精研技艺，粗通书数，不唯此时得供臂助，将来适人[4]，能解营家治生，亦主人之光也。《曾氏女训·家政》

注释

1 **綦**（qí）：极；很。
2 **飧**（sūn）：晚饭。
3 **锢**（gù）：禁锢。
4 **适人**：出嫁。

245．杜绝嗜好起到自正以正人的作用

每一个人都有喜好，但不管是好的喜好还是不好的喜好，都与环境条件有着密切的联系，尤其与身边人的影响分不开。小孩子喜好的形成，则与做母亲的对他的影响尤其密切。刘鉴在篇中重点就赌钱打牌、游手好闲，特别就吸食鸦片坏“嗜好”这个问题，提醒家庭主妇绝对不要沾染这些恶习，即使是用吸食鸦片烟来治病痛，也是不可取的。因为，作为家庭主妇，一旦恶习形成，不仅家庭事务放弃管理，而且其行为会影响到子弟，后果则不可收拾。

原文

凡子弟之不率教[1]者，或嗜酒，或嗜博，或好狎[2]，或侈服用，阻上达之阶，备破家之恶，已属不齿于人。而囊中金尽，犹可自止。至毒者莫如鸦片一物，误生计，损健康，残种弱国，一经上瘾，无论何等要务，均置诸脑后，且数时不吸，即奄奄垂毙。坐此之由，忘廉丧耻而不惜，为非作贼而不顾，失祖业，坠家声。在男子已属败类，而亦有妇人嗜此者，终岁昏昏，好吃懒做，不知日色之红白，唯与灯月相周旋。子女不知教育，家政任其纷嚣，美宅良田，华簪[3]丽服，日销耗于无形。问其情由，靡不言治病而起，迨至瘾成，疾如故也。阵入迷魂，无时得醒，可胜叹哉！愿世之为主妇者，苟有疾病，宁以药治，毋以烟治。《曾氏女训·家政》

注释

1 **率教**：听从教育。

2 **狎**（xiá）：过分亲近而不庄重。

3 **簪**（zān）：别住发髻的条状物，用金属、玉石等制成。

曾纪芬家训

曾纪芬（1852—1942），自号崇德老人，曾国藩满女。她自幼接受过系统的家学教育，知书达礼，且具新思想、新观念。她的丈夫聂缉椝，出身于官宦世家，历任江南制造局会办、总办，苏松太兵备道，浙江按察使，江苏布政使，湖北巡抚，江苏巡抚，安徽巡抚，浙江巡抚等，且为近代中国著名资本家。

曾纪芬深受曾国藩家训、家风观的影响，在主持聂家内政六十多年间，不仅继承和发展了曾国藩家庭教育理念和方法，而且在化育聂氏家族子孙后代成为有用人才方面产生过重要影响。她与丈夫聂缉椝生育有八个儿子、四个女儿。八个儿子中，除大儿子夭折外，其他几个大多成为工商、科技和文化教育界有影响的人物，其三子聂其杰在旧中国担任过上海总商会会长，思想开明，热心公益，受到时人敬重。

曾纪芬先后编著有《聂氏重编家政学》《崇德老人自订年谱》《廉俭救国说》《论女学》等书文，大都涉及家训和家风建设方面的内容，具有总结、借鉴的有益价值。兹从曾纪芬曾孙女聂崇彬女士提供的《聂氏重编家政学》一书中，节录有关篇章以供读者品评。该书于清光绪三十年（1904）由浙江官书局印行，总计十一章，分《总论》《教育初基》《教育渐次》《教育总义》《家庭表率》《理财》《养老》《治病》《卫生》《交际》《避难》《仆婢》诸章目，目下有具体节目和内容。全书思路清晰，文字通俗易懂，内涵充实而富有启发价值。因其文字较通俗，故只作较详尽注释而不再作白话文翻译。

246. 家道之振兴关乎教育

曾纪芬在篇中明确指出，她主修《聂氏重编家政学》的动因，即是自幼年开始深受曾氏家训、家观、家风的熏陶和影响，明确认识到治理家庭内部事务的责任，首先应由家庭主妇来承担。换言之，“家道之替兴，实与妇道之臧否为消息”。从而，她依据曾氏家训、家规、家风的基本内涵，结合聂氏大家庭的实际情况，并参考中国古代有关家训、家规、家戒、家范等方面的有益成分，立足现实，展望未来，精心主修了这部长达二万余言的《聂氏重编家政学》。该书足以表明，曾纪芬对家庭教育问题给予了高度重视；而这种重视，则又来源于曾国藩家族家训、家风对她产生的巨大影响。

原文

先祖星冈公尝以考、宝、早、扫、书、蔬、鱼、猪八字为家训。谨案：考者，祭祀祖考言考而妣可该也。宝者，亲族邻里殷勤庆吊，通有无问疾苦。公尝谓：“人待人，无价之宝也。”早者，逐日早起也。扫者，无论贫富，必洒扫洁净也。书者，子弟必勖[1]之读书也。蔬者，居家必勤种园蔬也。鱼者，居乡池中必须养鱼也。猪者，家中必喂猪也。

迨[2]先考文正公[3]又以勤敬足成十字训勉子弟，虽戎马倥偬[4]、簿书焦劳，不惮[5]叮咛，往复见之于家书者，详已其予及予嫂辈，有逐日验看功课一则，尚待刊行。先母欧阳侯太夫人亦躬持[6]孝敬慈让，勤俭纺绩，为后辈范。予自幼承家训，及归聂氏，昕夕惶悚[7]，常惧黜辱[8]，以贻[9]父母訛差[10]。幸三十余年，上侍姑嫜[11]，内相夫子，处妯娌姑嫂间，及近年儿媳妾婢辈，从无织芥龃龉[12]，固赖天锡[13]平安，亦身被光人遗泽[14]，获益良匪浅也。闲尝论之，国脉之隆盛，基乎家庭，而家道之振兴，关乎教育。予虽不敢以身爱受之区区[15]，信为必然，要其理势之常，亘古今而塞中外者，固未有毫发乖爽[16]者。已晚近世道陵夷[17]，论者辄[18]推原于运会[19]。究其所极，实亦以教育不讲，委靡成习，深用隐忧。近阅东洋下田氏[20]所编《家政学》，绪论闳深，条目缜密，于家庭义务，一归重于主妇，未始不可以开通闺媛，整饬坤纲[21]。惟其瀛海隔越，民俗间有悬殊，即文词不无或异，鲜识字义者，洞澈颇难。爰[22]命儿其昌、其杰、其烽，侄婿刘润，详加编辑，去肤存液，删繁就简，僻者[23]略之，阙者[24]缀之[25]。其中于教育大端及主妇一是应尽之责任，务期与我邦[26]纤悉备合，雅俗共知。昔人如白传诗词[27]，老妪[28]都解；宋人语录，鄙俚不辞[29]。言之无文，观者易晓，编既竣迴审慎，颇与予旨吻合。因付手民，命之曰《重编家政学》，且以先正验看女媳功课，则镂[30]附，将便于致赠亲友，非同乎寻常翻刻，为牟利[31]起见也。中国素以女子无才便是德之说为训，予家亦世守奉行，然女流所重，虽不在文艺词章之末，而于礼经之所谓德言容功者，顾可一有阙略哉！《大易》[32]有言：女正位乎，内明齐家之击乎，内政也。予以亲更世故，窃见[33]夫家道之替兴，实与妇道之臧否[34]为消息，因不禁效其一得之愚，而喜为天下之闺彦[35]告也。于是乎书。《聂氏重编家政学·叙言》

注释

1 **勖**（xù）：勉励。

2 **迨**（dài）：等到。

3 **先考文正公**：指曾纪芬的父亲曾国藩，谥“文正”。

4 **倥偬**（kǒng zǒng）：急迫匆忙；时间紧。

5 **惮**（dàn）：害怕。

6 **躬持**：亲身实践主持。

7 **昕夕惶悚**（sǒng）：日夜惊恐不安。

8 **黜**（chù）**辱**：贬黜受辱。

9 **贻**：同“遗”。

10 **訿**（zǐ）**差**：诋毁否定。

11 **姑嫜**（zhāng）：丈夫的母亲和父亲。

12 **织芥龃龉**：意见不合。
13 **天锡**：上天赐予。
14 **遗泽**：祖先遗留的恩惠。
15 **区区**：微少。
16 **乖爽**：违背。
17 **陵夷**：衰落。
18 **辄**（zhé）：总是，就。
19 **运会**：时势。
20 **下田氏**：日本学者。
21 **坤纲**：女学纲领。
22 **爰**：于是。
23 **僻者**：怪僻之处；偏僻之处。
24 **阙者**：缺少之处；遗漏之处。
25 **缀**（zhuì）**之**：补充上去。
26 **我邦**：我们国家。
27 **白传诗词**：白，指唐代诗人白居易，他的诗词通俗易懂。
28 **老妪**（yù）：年老妇女。
29 **鄙俚**（lǐ）**不辞**：粗俗的人都不放弃。
30 **镂**（lòu）：雕刻；印行。
31 **牟利**：取得利益；赚钱。
32 《**大易**》：指儒家经典《周易》。
33 **窃见**：个人见解。
34 **臧否**：好坏。
35 **闺彦**：女界有人品才能者。

247. “家道之兴衰，全系主妇之贤”

曾纪芬在篇中明确指出：“家也者，国之本也。”所以，要使国家兴旺发达，就必须把一家事务治理好。而要把家庭事务治理好，形成良好的家风，主持家政的妇女则肩负着重大责任。家庭主妇不仅要做到竭尽全力处理好家庭事务，而且应以自身表率去影响家庭成员。她的这一观点凸显了家庭主妇在家庭建设、家风建设中所起的重要作用，是符合农耕生产生活方式引发出来的以家庭为本位的传统家风建设这个基本实情的，体现了抓住重点、切中主旨的治家理念和方法。尤其是她所强调的“由一家而扩之一国焉，则文明之进化不可思议矣”的观点，至今仍具有借鉴吸取的积极成分。

原文

家也者，国之本也。何以谓之家？综男女老幼，下至奴婢仆役，共成一团体者也。然则一家之中，其人其事，亦至不一矣。何以各得其所，不紊[1]其序，遂趋进于幸福也？曰必有治之者也。治之者何有一定之规范维系？夫男女老幼奴婢仆役，使之一各得其所，不紊其序，以趋进于幸福也。然则治之之责，其谁属[2]乎？曰：主妇也。一家之中，有丈夫焉，有主妇焉。万属之丈夫而专属之主妇者。何哉？曰：丈夫者，治于外者也；主妇者，治于内者也。一家之事，无一不与主妇相关切，盖未可委之丈夫者也。然则，丈夫遂不可治内乎？曰：抑亦有不暇者存也。丈夫志在四方，无论士农工商也，胥[3]尽一己之能事以食力于外，竭智虑积资财，待经纪[4]于主妇保守以成家者也。故家道之兴衰，全系主妇之贤，则得人而理，俾丈夫克勤阙职[5]，无复内顾之忧，门户以之崇，儿女以之庇，族党[6]以之睦，邻里以之和，而惨淡之经营，遂以臻进[7]无穷之昌炽[8]。其幸福莫大焉。若颓惰不振，坐事废弛，务服饰之绮丽，昧[9]物力之艰难，丈夫终岁勤劬[10]之所蓄，不难因循渐渍[11]而耗之，将[12]儿女竟趋怠慢，仆从亦习偷安[13]，局面既隳[14]，门户以替，不第[15]失天伦之至乐，其衰微可立臻也。……其防范之道，可约举欤[16]？曰：妇人之于家，犹宰辅[17]之于国，统百官综庶政，必有一定之法律制度，以培植人才，发舒民气，内修实政，外扬国威，始能图邦国之富强者也。若宰辅不能端本[18]于上，法律不修，制度不饰，将官吏弄其威福，士民弛其纲纪，国柄既摇，而望其富强也，其可冀[19]哉！主妇何独不然？内回儿女之盛昌，外冀门庭之光大。善则一家安，不善则一家戚[20]。故曰：国乱思良相，家贫思贤妻。妻贤而弱可强，危可安，贫可富，则夫主妇之责任不与家政相终始哉！然则主妇治家之大略可知矣，国家之必极进文明也尚矣。顾文明进化在人才，而振兴人才在教育。教育者，非可猝[21]夫大成之域者也。人生自胎育以来，本母氏之精神所传授，即由母氏之性质所熏陶。此处失防，终身贻害，则教育宜先也。提倡合第[22]之规则，综理庶务之纷纭，则表率宜谨也。量入为出，开源以节流，则理财宜慎也。至于娱长老[23]，营起居，习烹饪，资调摄以暨役使交际，靡不关主妇之范围周挚[24]，以增进一家之福祉也。孟子曰：国之本在家，吾以为家之本即在主妇可矣。今变法维新，造士育材，蒸蒸日上，亿万家之为主妇者，胥得其所以立教之体，由一家而扩之一国焉，则文明之进化不可思议矣。

……《聂氏重编家政学·上编》

注释

1 紊（wěn）：杂乱；纷乱。

2 **属**：隶属；归属。

3 **胥**：齐；皆。

4 **经纪**：经营管理。

5 **阙职**：他的职责。

6 **族党**：同宗同族的人。

7 **臻进**：达到；进入。

8 **炽**：兴盛；昌盛。

9 **昧**：不明白；糊涂；蒙昧。

10 **劬**（qú）：劳苦；勤劳。

11 **渐渍**（zì）：浸润，渍染。

12 **将**：把；使。

13 **偷安**：苟且敷衍，只顾眼前。

14 **隳**（huī）：毁坏。

15 **不第**：不只。

16 **欤**（yú）：助词，表示疑问，用法跟“乎”大致相同。

17 **宰辅**：协助皇帝主管朝政的重臣。

18 **端本**：端正根本。

19 **冀**：希望；希图。

20 **戚**：忧虑；悲伤。

21 **猝**（cù）：突然；出乎意外。

22 **合第**：全家。

23 **长老**：长辈和老人。

24 **周挚**：至为真诚。

248. 幼儿德育教育比智育教育更重要

曾纪芬在篇中强调，智育教育和体育教育对一个人的成长很重要，但起关键作用的首先是德育教育。所以，对子弟的教育从小就应当处理好这个方面的关系，德育教育是一条主线，时时事事都应当融入其中，不能有丝毫怠慢和疏忽。而其德育教育的主要内容，一是从“大成”着眼，二是以先哲的言行去浸润陶冶。其方法是，父母等长辈对子弟严加启发督导的同时，还应以自身榜样去感化他们。

曾纪芬的这一注重德育，即重视人品人格的育化的观点，很具现实启迪意义。现今不少为人父母者，往往重视儿女智力的投入，眼睛主要盯住儿女的学习成绩，却自觉不自觉地忽略了对儿女身体素质的培育，尤其忽略了对儿女人品人格的育化，这种家庭环境下培养出来的孩子，要么就是一个书呆子，生活自理能力和独立能力缺失，要么高分高能但人格分裂、人品低劣，有可能成为损公利己，以自我为中心的人。这方面的事例是比较多的，不能不引起我们的高度重视。如果为人父母者，能从曾纪芬这篇家训中受到启发，在重视儿女读书学习的同时，高度重视对儿女人品人格的育化，那么你的孩子就有可能成为品学兼优的人，德、智、体、美全面发展的人。

原文

教儿如读书习字算格物[1]之类，皆智育之最要者。智育者，心思上之教育，开其聪明知识也。虽然，尤莫要于德育。德性上之教育，纯是教人行善去恶，有德育以坚固其心。坚固者，外物不能移也。养成其爱敬孝友之性，而复强健其身体，磨炼其精神，使之能耐寒暑，身体精神足，虽寒暑之苦亦不足畏，能忍饥渴，虽饥渴亦能忍耐，成一真实坚定之性质，与他委靡不振者，迥然不同。夫男儿志在四方，平素如此养炼，一旦有急，必能精神振刷，勇往直前，无论大小事件，均可担当得起。此等性质，非养之幼时不为功[2]也。其要有二：一则大成。教儿要在不求小就而求大成。世人动夸儿子之聪明，见其稍通一字一义，百端称道。小儿无识，因宠生骄，其材力至为所限。又有爱惜过甚，动怕儿子吃苦，因循姑息，毫不加严。此皆无大成之期望也。不知婴儿自有生之始，即为国民之一人。他日或置身朝廷，造福万民，担当国事，都未可量。然此等成就，虽难过期而呱呱者，发越[3]方长，亦属意中之事，视父母之规范何如耳。若夫贫贱之家，无力造就，亦当从其大者着想。虞舜[4]一骊山耕夫，汉高[5]一泗上亭长[6]，后来俱贵为天子，彼其父兄岂曾有如富贵家之教育子弟哉。芝草[7]无根，醴泉[8]无源，人只患[9]不立志耳，非必云大官厚禄可以妄加冀幸[10]。第[11]实而求之，为士为农为商为工，皆可致富厚而召名誉，固非人力做不到者。故教育之道，不争贫富之悬殊，惟在父母志趣高明，切实提撕[12]，使儿子力争上进，以求为他日世界大有作用的人。……二则先哲。则先哲者，看先辈好样也。贵也贱也，人情类然。盖入耳最易留心也。幼儿初出，心中游移无芏[13]，可正可邪，有好榜样以感发之，其入正途也自易。且幼时所闻之事，最易稳记，至终身不忘。为母者，即其平时之一举一动，勉以行正事说正话，固属切要。尤宜 举古今来之忠臣孝子、仁人义士及邻里之嘉言懿行[14]，详细指示，说某也忠孝，青史流芳，某也奸邪，万年遗臭，某子弟好，后来富贵，某子弟不好，后来贫贱。此等格言，处处教之，日日教之，事事教之，务使听得惯熟，长期立志之进步，发其爱国之感情，其性质自必趋于正大一途，亦引伸触类之一法也。《聂氏重编家政学·上编》

注释

1 **格物**：推究；探求。

2 **功**：效果。

3 **发越**：迅速；散发；昂扬。

4 **虞舜**：姚姓，有虞氏，名重华，史称虞舜。因贤孝被四岳推举为尧的继承人。

5 **汉高**：指汉高祖刘邦（前256—前195），西汉王朝的创建者，字季，沛县（今属江苏）人。

6 **泗上**：即泗水县，属山东省。 **亭长**：秦制十里一亭，十亭一乡。亭设亭长一人。

7 **芝草**：菌类植物的一种。

8 **醴泉**：甘美的泉水；及时之雨。

9 **患**：忧虑；害怕。

10 **冀幸**：侥幸希望。

11 **第**：只。

12 **提撕**（sī）：振作；提醒。

13 **芏**（dù）：草本植物，茎呈三棱形，可用来织席。

14 **懿**（yì）**行**：美好德行。

249. 严诫子弟为人处事十一“不可”

应当说，此篇文字系曾纪芬为约束规范子弟言行所订家规、家诫，内容涉及做人、做事、言语、行为等诸多方面。不仅谆谆告诫，而且有具体践履的准则和指归。时至今日，此十一条家规、家诫仍不失其启发借鉴的价值存在。

原文

一、不可为苦人[1]之事。宁肯自苦，切莫苦人。

二、不可为害人之事。只防人害我，切莫害人。

三、不可嫌忌[2]他人。人比我好些，不要忌他，就比我差些，更不要嫌他。

四、不可指摘他人容貌丑恶及身家忌讳。人品不齐或行检有玷[3]，或相貌不全，或今虽尊显而出身本微[4]，或先世昌隆而后裔流落。言语之间，须留心检点，切勿犯人忌讳，扬人丑恶，令其愧恨，无地自容。不独自失厚道，亦且结怨于人也。

五、不可指摘他人罪迹过失。人有罪过，必十分惊惶，畏人指摘。若指摘之，就是终身之恨。

六、不可粗心作事。凡作一事，即须一心注意于此，方能完全不误，若粗心浮躁，断难成功矣。慎之，慎之！

七、不可负人之托。凡受人托付，既已应允，必代做到。若不能代，即先莫妄应允。

八、不可信口出言。凡说话须极和缓，须细思想，不祥之话少说，恐人厌听。遇有应说之处，只宜轻轻说过。

九、不可妄述人言道德之弃也。凡一事而关人终身，一言而伤人阴惊[5]，即实见实闻，不可亲口博述。切记，切记！

十、不可看淫词小说及谈闺阃[6]。遇有淫词小说，不特[7]不看，并宜焚之。若听得人家闺阃事，急宜闭口勿宣。

十一、不可说话做作。对人说话，两手整齐手指，莫乱做作，斯为得体。《聂氏重编家政学·上编》

注释

1 **苦人**：使人痛苦；使人难受。

2 **嫌忌**：嫌弃妒忌。

3 **玷**（diàn）：污点。

4 **微**：低贱。

5 **阴惊**：内心深处的紧张。

6 **闺阃**（kǔn）：妇女居住的内室，这里指有关妇女私密的事情。

7 **不特**：不仅仅。

250. 家庭主妇理财须重“勤俭”二字

曾纪芬在篇中指出，维持一家生活，必须做到既开源又节流。而要实现这个目的，起关键作用的是“勤”和“俭”两个字。这两个字相辅相成，缺一不可。如果勤劳而不节俭，也就无法达到家庭收支平衡。进而，她就“俭”字的适度问题作了具体阐述，即做到“当用则用”，用时“不滥用”，做到节俭而不吝惜，绝不能步入“要钱不要脸”的地步而招致“嫌怨丛集”。这一家庭理财观点，这一正常的与他人打交道所应具有的基本人情往来原则，至今仍有其可取之处。

原文

开财之源，莫要于勤。每见赤手成家的人，无所凭借，惟日夜勤劳不怠，久而遂成巨富者，盖劳而后能聚财，未有不劳而财为我聚者。此必然之理也。主妇总理内政，万分不宜惜劳。不特专心纺绩，洁齐酒食，无论何事，都要躬亲操作，以身先为一家之倡。如是，下至仆婢，亦可观摩迁善[1]，尤须用时得法。凡有应为之事，当必为之时，趁此努力做去。则办事极快，劳苦反少。若软弱不振，缓一时又缓一时，久之疲玩[2]日甚，颓废百出。甚至厨下则食物馁败[3]，腐臭生虫。堂室则椅桌参差，灰尘山积。器物破坏，随处散置。衣服垢敝，洗补为难。此等人家，虽与千万之财，亦必消受不住。主妇宜及时自醒，勿蹈[4]此种懒弊。古语有云：大富贵命，小富由勤。诚哉言乎。

……

节财之流[5]，莫要于俭。夏禹[6]为一代帝王，尚菲饮食，恶衣服，卑宫室，我辈居家，何苦将钱乱用？每见贫困之子，当有钱时，食肥甘[7]，衣爱华节，遇事求好浪用，不计及钱件[8]拮据，困苦百端，供货则呼应不灵，衣物则典当殆尽，势必流荡无耻。岂不可哀？想来想去，与其无钱受苦，何如有钱少用，可以成家，可以裕后[9]，那些不好？故治家宜节省浮费[10]，专务俭约，以为家道长久之计。俭与吝，有刖[11]俭者，于正用外不滥用而已。吝则当用不用，与人来往，当赠而故短之，当与而故掯[12]之。不知礼义，不辨慈惠，两手抠紧，笑骂不畏，鄙浊不羞，俗[13]所谓要钱不要脸者也。此等人嫌怨丛集，必至招祸非常，不败于其身，必败于其子孙。为主妇者，当知俭与吝之分也。《聂氏重编家政学·上编》

注释

1 **迁善**：向善。

2 **疲玩**：疲乏；倦怠。

3 **馁败**：腐烂无用。

4 **蹈**：践踏；踩。

5 **流**：品类；等级。

6 **夏禹**：姒姓，亦称大禹、夏禹、戎禹，名文命。《史记·夏本纪》："禹为人敏给克勤。"

7 **肥甘**：美味。

8 **钱件**：钱的数目。

9 **裕后**：富裕遗给后人；恩泽子孙后代。

10 **浮费**：不切实际的费用；不应该花去的钱财。

11 **刖**（yuè）：冲突；对立。

12 **掯**（kèn）：按；压。

13 **俗**：俗话；通俗。

251. 家庭主妇治家须谨遵"保财十要"

曾纪芬在篇中提出的"保财十要"涉及治家的方方面面，尤其对具体内容的阐述，既详尽具体，又充满辩证哲理，读来使人倍感亲切有味。尽管她在这里主要是针对家庭主妇提出的要求，但实际上适用于家庭内部各个成员。即使是在21世纪的今天，篇中内容尚不失可资借鉴吸取的价值。

原文

人只患[1]无财，然有财而不能保，亦与无财等[2]。人第知紧守之为保，不知亦有放松为保者。第知节用之为保，不知亦有不节为保者。取与得失，都有道理。主妇随时保全，庶[3]家道可久焉。总要有十。

一、妇人存悭吝[4]之见，最为不好。古人云：刻薄成家，理无久享。盖一己俭约蓄积，本是正道。若以悭吝待人，则当与不与，当费不费，是刻薄，非俭约也。虽勉强蓄积，亦必惹人嫌怨，大非成家之道。故主妇守己宜约[5]，而待人宜宽。

一、败家多由争讼。丈夫与人争讼，主妇须极力劝阻，斯为美善。若执拗不听，至于无可挽回，即宜暗地出钱请人设法和息，既免伤财，又免呕气。一时虽似畏避，久后自尔[6]见功[7]。

一、放债取利，必力取方成蓄积，若借者负欠过重，势难全还，亦当劝夫量减。家有盈余，少收一些，亦不害事。若十分贫困，至嫁妻鬻子[8]以偿者，无论多少，概宜丢弃。

一、嫁女择佳婿，娶媳求淑女，奁仪[9]何足介意。世之为母者，往往成备嫁妆，必求十分热闹，过费不已。又于嫁后生儿之三朝[10]、周岁，备办极丰。而男家办理喜宴[11]，亦必十分热闹。动掷数百，习以为常，多有以此受亏告穷者，何苦乃尔[12]？今为筹一善法，婚嫁成礼之期，相约会议，除大略应用外，其余繁费，约计多少，两家襄成一款[13]，或修道路，或施衣粥，撤无益之费，以为利济之资，较之盛办嫁妆、喜宴者孰长？此法近人亦有行之者。然行与不行，均听人家自裁[14]。不过，因嫁娶而费多钱，则殊不必耳。为主妇者，当勘破[15]此弊。

一、徒聚而不知散，究非善道。家既富足，则钱谷之盈余，用不尽吃不尽，余剩不知凡几，而且睹邻里之疾病孤寡，十分困苦，谁不伤心？若能暗中以钱谷周济，我原惠而不费，彼已沾沾无穷。此等好事，男子每看不破，全在主妇发此慈悲，曲为劝道。

一、男治外交，治内主妇，不宜干预丈夫之事。若或丈夫在外嫖赌浪费，不务正业，甚至渐耗家资，于此而不先为苦谏[16]，受害将有不可胜言，应当竭力劝阻。不听亦必设法拦阻，不宜强为容忍，自命为性格温柔。

一、有家无人，亦没有趣。主妇中年尚未得子，即劝丈夫纳妾。妾既生子，便当竭力抚育，以延家运而绵宗祧[17]，万不可以自生妒嫉。

一、人家兄弟不和，多由妇人暗中刁弄，吵分家业，遂致手足成仇，殊非正道。主妇所当破除此弊，妯娌和睦，使之兄弟同心，兴家创业。兄弟不和，易招人侮，盖乘其亲身无助也。此等弊病，丈夫最易耸动，全在妇人知醒，斯为幸福。即欲分家，亦宜推多取少，切不可锱珠必较，不肯吃亏。要知明中吃亏，暗中自占便宜，天理固不负人也。

一、地方义举，如创兴学校，救荒济贫，造桥修路，皆公共之正事，家用无足者，亦宜量力捐输。若一味悭吝，人将目为守财虏，遇事必排挤之，主妇宜劝丈夫行此公德。又放生一事，亦最善举，随时买放尤宜。

一、家中利益之事，虽微细不可忽略。即如蔬菜一项，宜时勤种。蔬菜不足，犹之无米，一般主妇饬令仆婢多种多栽，其灌水淋粪诸件，不可稍疏。朱子[18]家训云：园蔬愈珍馐[19]。蔬菜者一家之旺气也。若多喂鸡鸭，最耗谷米，成家者尤不宜多，惟喂猪利息最好。俗云：富人靠读书，贫人靠养猪。此之谓也。

以上十要，皆成家必有之义务，遵之则立兴，逆之则立败。且皆切实易行，并无难施之事。为主妇者，无论何人，均当遵守也。《聂氏重编家政学·上编》

注释

1 **患**：忧虑；害怕。

2 **等**：相等；一样。

3 **庶**：几乎；有可能。
4 **悭吝**（qiān lìn）：过分爱惜钱财。
5 **约**：约束；限制；制约。
6 **自尔**：从此。
7 **见功**：见到效果。
8 **鬻**（yù）**子**：卖掉子女。
9 **奁**（lián）**仪**：指嫁妆。
10 **三朝**：旧俗称小孩出生后的第三天为“三朝”。
11 **宴**：请人吃酒；聚在一起吃酒。
12 **乃尔**：如此。
13 **襄**（xiāng）**成一款**：协商决定一个双方都能接受的条约。
14 **自裁**：自我决定。
15 **勘破**：看破；明白。
16 **苦谏**（jiàn）：苦苦劝阻。
17 **宗祧**（tiāo）：宗庙，指有祭祀祖先的儿孙。
18 **朱子**：指清代理学家、教育家朱柏庐。
19 **珍馐**（xiū）：美味；山珍海味。

252. 孝养老人“以立儿童孝顺之基”

曾纪芬在篇中郑重强调，赡养长辈老人是家庭主妇的重要义务和职责，将其摆到“以立儿童孝顺之基”的高度来对待。因为，每一个人都有年老的时候。作为家庭主妇其一言一行，儿女们都看在眼里，记在心里。善待长辈和老人，其自身的好榜样，对儿女们的影响至关重要。这是中华民族美德，优良传统。曾纪芬认为，将其传承和发扬，将对子孙后代起到潜移默化的作用。这一善待老人和长辈的观点，具有很强的现实启迪意义。

原文

女子在家事父母，不如出阁[1]后事翁姑责任之重大。盖丈夫多半外出，而翁姑既老，全在主妇奉养以终余年。《内则》[2]云：妇事舅姑……下气怡声，问衣燠寒，疾痛苛痒，而敬抑搔之。又云：父母舅姑之命[3]，勿逆勿怠。大抵人老则身体枯瘦，精力衰颓，取携不能自主，如草木逢秋凋落，状殊可悯。为主妇者，能无恤[4]乎？尝见有一般子妇[5]待翁姑，每不如待儿女之亲切。如幼儿遗便溺则忍臭勤洗，老人吐痰涎则恼厌不堪；幼儿思果饼必随时买来，老人思饮食则全不计及；幼儿值啼哭必细意慰抚，老人或询问则叱[6]为多心。种种怠慢，逆理伤心，不思人在世间终日劳苦，原为留贻子孙图老来安静，若我今日怠慢养老，异日儿女亦必怠慢养我。何也？凡儿女最易看样，幼时见父母待祖父母如此，已视为故常[7]，不加诧异。且不特其看样如此，而天道[8]之循环，必使如此报复而后快。此一定之理也。故主妇主持中馈，务当于养老加意，以立儿童孝顺之基。《聂氏重编政学·下编》

注释

1 **出阁**：女子出嫁。

2 **《内则》**：《礼记》篇名。内容规定了妇女在家庭内的言行，不许超越礼教。

3 **命**：此处指吩咐、要求。

4 **恤**：体恤；关心。

5 **子妇**：儿媳妇。

6 **叱**（chì）：大声呵斥。

7 **故常**：习以为常；理所当然。

8 **天道**：自然的规律。